基层女性
生存指北

王慧玲 著

台海出版社

图书在版编目（CIP）数据

基层女性生存指北 / 王慧玲著 .-- 北京：台海出版社，2023.3（2024.12 重印）
ISBN 978-7-5168-3478-7

Ⅰ.①基… Ⅱ.①王… Ⅲ.①女性心理学—通俗读物 Ⅳ.① B844.5-49

中国国家版本馆 CIP 数据核字（2023）第 015009 号

基层女性生存指北

著　　者：王慧玲

责任编辑：俞艳荣

出版发行：台海出版社
地　　址：北京市东城区景山东街 20 号　　邮政编码：100009
电　　话：010-64041652（发行，邮购）
传　　真：010-84045799（总编室）
网　　址：www.taimeng.org.cn/thcbs/default.htm
E - mail：thcbs@126.com

经　　销：全国各地新华书店
印　　刷：河北鹏润印刷有限公司
本书如有破损、缺页、装订错误，请与本社联系调换

| 开　　本：787 毫米 ×1092 毫米　1/32 |
| 字　　数：141 千字 | 印　　张：5.5 |
| 版　　次：2023 年 3 月第 1 版 | 印　　次：2024 年 12 月第 10 次印刷 |
| 书　　号：ISBN 978-7-5168-3478-7 |

定　　价：58.00 元

版权所有　　翻印必究

目录 contents

序 001

I 内在成长 换种活法，天塌不下来

01. 给自己的生活立栅栏 002
02. 停止受害者心态，从当下改变 003
03. 学会摆脱不想要的生活和痛苦 004
04. 努力的方向朝着自己 005
05. 利己不是缺点 006
06. 勇敢做自己 007
07. 让自己的孤岛变得繁花似锦 008
08. 苦难不该是女性的底色 009
09. 人的第一责任人是自己 010
10. 阻挡你变好的人是你的敌人 011
11. 稳定感不是别人给的 012
12. 简单生活是争取来的 013
13. 投资自己而不是别人 014
14. 不是追求幸福，而是避免痛苦 015
15. 找到喜欢的事和找到喜欢的人同样重要 016
16. 做好眼前的小事 017
17. 质疑、痛苦和重建的人生三部曲 018

18. 发展自己才是硬道理 019
19. 把根扎到泥土里去 020
20. 别被性别意识束缚 021
21. 为生命创造美好良善 022
22. 依靠自己，别依靠"强者" 023
23. 你的生活在远方 024
24. 农村女孩，看清你面前的道路 025
25. 自我修复从自爱开始 026
26. 自爱是为了爱人 027
27. 向着山顶进发 028
28. 身为女人值得骄傲 029

II 两性关系
你身边的人是你的价值观筛选出来的

29. 找对象转为找自己 032
30. 亲密关系里的"本位"意识 033
31. 频频回望过去，无法让自己前进 034
32. 爱可以发生在任何年龄 035
33. 警惕亲密关系里的顺从性测试 036

34. 爱情和婚姻是两回事 037

35. 远离跟你哭穷的男人 038

36. 选择有能力的结婚对象 039

37. 婚前同居要对自己负责 040

38. 如何面对父母反对的婚姻 041

39. 和自己谈恋爱 042

40. 什么是对的人 043

41. 宠爱是给宠物的,不是给人的 044

42. 出轨者的心理 045

43. 正确看待"渣男" 046

44. 不期待好男人,只期待好自己 047

45. 亲密关系是获取美好人生体验的手段 048

46. "我娶你"不是一种恩赐 049

47. 恋爱谈爱,婚姻谈平衡 050

48. 找到生活重心,告别恋爱脑 051

49. 不是收入少就该多做家务 052

50. 破除对爱情不切实际的幻想 053

51. 男女平等不是男女平均 054

52. 认真辨别择偶中的"对你好" 055

53. 当你爱上一个人的时候 056

54. 放弃幻想才能及时止损 057

III 原生家庭　父母与成为父母

55. 理解父母的局限性 060
56. 放弃对父母的幻想 061
57. 父母同样要放弃对孩子的幻想 062
58. 帮孩子打好人生真正的地基 063
59. 学会真正地爱孩子 064
60. 勇于对抗家庭"文化病毒" 065
61. 建设自己的生存堡垒 066
62. "女子本弱,为母则刚"吗 067
63. 警惕某些父母的指导 068
64. 牺牲和奉献是需要条件的 069
65. 父母的逼婚心理 070
66. 父母的爱是为了更好地和子女分离 071
67. 跳出"母爱伟大"的陷阱 072
68. 母亲真的快乐吗 073
69. 穷人的孩子更需要顽强的生命力 074
70. 爱和溺爱的区别 075

IV 自我与他者 你没有观众，放心做自己

71. 性教育、爱的教育和死亡教育 078
72. 让自己的愤怒有意义 079
73. 优秀没有标准定义 080
74. 婚姻越不幸的人，越喜欢催婚 081
75. 不要落入"普女"标签的圈套 082
76. 婚姻不是逃避孤独的方式 083
77. 警惕新"贞节牌坊" 084
78. 警惕弱者驯化 085
79. 时间才真正值"钱" 086
80. 做发自内心的选择 087
81. 人生就是痛痛快快打一场游戏 088
82. 四肢发达，头脑发达 089
83. 不断扩大生活容器 090
84. 人不会爱上没有选择时做出的决定 091
85. 不孕不育不是耻辱 092
86. 酣畅淋漓地活出自我 093
87. 学会不求回报地赠予 094
88. 针对女性的"利益"羞辱 095
89. 没有哪个人的人生不叫人生 096

精神"断奶"记

过去的人生教会我们什么 100

新手入社会指南 107

女孩防骗提示 113

给年轻女孩的枕边话 118

女性相亲须知 121

怎样挑选结婚对象 126

写给即将迈入婚姻的小情侣 130

挣脱父母打造的愧疚感 135

生养孩子是付出,不是索取 142

为你的"系统"和"软件"负责 146

怎样度过生活低谷期 151

女性的终极枷锁:性羞耻感 157

做自己生命里唯一的主人 161

序

敲下这行字的时候,我不敢相信自己已经要出版第二本书了。第一本书《基层女性》的诞生有些意外和突然,导致我没有好好消化整个过程,所以不真实感还在持续。我其实还没有适应被称为"作家",即便《基层女性》到今天为止已经加印超过10次,从国内出版业的一些指标来看,我已然是一个畅销书作家了。

相比上一本书的突如其来,《基层女性生存指北》我花了差不多一年的时间来筹备,中间经历了一些不可控的变动。在写作过程中,我也在不停思考,新的思考推翻旧的思考,书稿改了一遍又一遍。我想,无论你是在自我成长、原生家庭、恋爱婚姻还是人际关系当中遇到困扰,这本书应该都能提供一些答案、启发和帮助,最重要的是能给你一些力量。

这本书的封面是我创作的自画像。很早以前,我的愿望是出一本自己的绘本,世事难料,没想到先出书了。你看，这就是生活的美妙之处，只要你不断前进，勇敢地去尝试，前方总有未知的惊喜在等待你。

第一本书被一些读书博主批判文字过于"大白话"，这本书的阅读体验可能会相对好一些。当然，我也不认为大白话是缺点，我在《基层女性》各个平台的书评下面都能看到类似的留言："作为一个读书不多的农村女孩，玲玲姐的文字朴素浅显，很容易读""我妈妈也能看""买了一本送给我乡下的堂妹"……

有很多来自农村或小城镇的女性，她们没有接受过高等教育，也没有什么阅读基础，对那些严肃的女性话题书籍一无所知，半辈子都没有完整看过一本书的也大有人在。如果我的作品能吸引这个群体的目光，能够激发她们对阅读的渴望，同时书中的某句大白话还能引起她们的共鸣和思考，那么这本书就已经完成了它的使命。

这两年，我一次又一次地被舆论推到风口浪尖，成为网友和读者口中的"高危网红"。也许被误解正是表达者的宿命，套用北野武的一句话——即使辛苦，我还是会选择滚烫的人生。我会继续做我认为正确的事，为女性，尤其是大量社会基层的女性发声！

2022年2月，我度过了自己的40岁生日，相比茫然的20岁、焦虑的30岁，40岁的我感觉像被《暮光之城》里某个帅吸血鬼咬过一样，一夜之间眼睛能看得到几十米开外，耳朵也能听见几公里外的声音，整个世界的清晰度和饱和度在我睁眼的那一瞬间提升，整个人都敏锐了起来，但我的内心又比任何时候都温柔坚定。这种感觉真是太美好了，40岁真是太美好了。

Life begins at forty.

生活果然是从40岁开始的。

感谢我的伴侣Peter对我长久以来的支持，感谢我的编辑朱老师、思维、安妮，感谢我的家人和朋友，最重要的是感谢一路支持我的网友和读者，谢谢你们赋予了我人生更为崇高的意义，谢谢。

希望你们喜欢这本书。

王慧玲

I

内在成长

换种活法,天塌不下来

01.
给自己的生活立栅栏

生活中有一些女性,在家庭里,她们被父母无休止地侵犯生活边界,被约束、控制;在职场上,她们是被使唤、开玩笑甚至性骚扰的对象;跟朋友在一起时,也总是被当众调侃的那一个。

这些人有没有想过为什么受伤害的总是自己?为什么别人总是以"爱你""为你好""开个玩笑"为借口,不停地侵犯你的生活?为什么!

那是因为这些人从未捍卫过自己的领地,从来没有给自己的生活划分清晰的边界,没有勇气对"入侵者"的越界表达抗议。一块土地上没有栅栏,无人看守,牲畜能不趁机践踏吗?

你怎么对待自己,就是在告诉别人应该怎么对待你。

明确生活界限,建立领地意识,捍卫自己作为生活"领主"的尊严,是自我成长的第一步。

02.
停止受害者心态,从当下改变

生活没有绝对公平可言,人类从来都是走在追求公平的路上,接纳我们无法改变的,改变我们能改变的。

生活的不理想会滋生种种不良情绪,给我们机会抱怨——没有好爹妈,没有其他人那样的好机会……这些情绪会汇集成一个巨大的黑洞,躲在这个黑洞中,你可以找出千千万万个理由来蒙蔽自己。你可以把自己当成受害者,一有机会就向人哭诉不幸,通过他人的怜悯来博得同情、获取慰藉。

你可以一辈子这样做,但你要明白,这是在用自身生产毒气,毒害自己的同时,也终究会赶走身边所有人。

你把自己当受害者,受害者的命运就会如影随形。

或许,你可以把自己当成幸存者,去积极自救,接纳生活的不完美。面对现实中的某些不公,从自己可控的范围内和力所能及的事中,从当下、从眼前、从此时此刻开始,去改变可以改变的。

03.
学会摆脱不想要的生活和痛苦

想要摆脱一种不想要的生活,只有不断向前突破,在前进的路上建立起新的生活方式,以此冲淡、代替过往的生活。就像身体是靠运动加快新陈代谢、带来健康一样,生活同样要靠前进来过滤"毒素"和"杂质",带来新生。

我们总是说放下、前进,我觉得这个顺序反了,应该是前进、放下,因为无法前进的人便无法放下。

同样,痛苦也不是硬生生摆脱的,越挣扎网缠得越紧。你只能带着痛苦,挥起铁锹把生活的水坑拓展成水塘,扩大生活的水面去稀释痛苦浓度。在你盯着新目标、新方向前进的过程中,必然会逐渐减少回忆痛苦的频率,直到痛苦在记忆中模糊,"挖水塘"这种新的生活方式就会逐渐替代你曾经的生活。如果你继续向更大的目标行进,更宽广的河流必然就在前面。

努力的方向朝着自己

很多女性努力让自己变优秀是为了吸引更优秀的异性,我想说,把吸引异性作为努力方向永远不会让你真正变优秀。

真正的优秀,是一个人能跳出既定框架,永远将努力的方向朝着自己。

优秀的女性会不断地挖掘、探索、开拓自身潜能,不停地拓宽生活边界,以获得更多机会和选择。这些都能帮助她们获得更多、更美好的人生体验,实现更高的个人价值。她们尽情地享受那些能给自己生活带来美好体验的人和事,所谓优秀的恋爱对象只是生活给予她们热爱自我、努力绽放生命的奖赏之一,而永远不应该成为目的。

05.
利己不是缺点

利己不是缺点,而是实现利他的必然过程。不懂利己是实现不了利他的。你有一块钱时,如果不保存实力、不经历从一到十的积累过程,最后就做不到拿出其中的三块钱来利他。那些呼吁你牺牲奉献,挥舞道德大棒绑架你的人,往往是在盯着你口袋里仅有的那一块钱。

当你觉得能量匮乏的时候,不妨先做到精神层面的保本,做到不亏损、不消耗,不被外界驱动,不给自己增加额外的负荷即可。先把一块钱牢牢地握在手上,然后不断去学习、实践,在生活中全面发展自己。

生活里懂得经营且愿意公平交易的人,往往不会用"自私利己"去道德绑架他人。他们会支持别人的发展,希望你做大做强后同样有东西拿出来交易合作,双方互惠互利。只有那些没有能力却掠夺成性,只想坑你仅有的一块钱的人,才会认为你不肯奉献是个问题。

06.
勇敢做自己

"做自己"不代表要像个刺猬一样去扎人,这只是内心极度不安所表现出的防卫姿态。

"做自己"是不卑不亢,是注重自己内心的感受,是能勇敢地说"不"。

那些为了合群而言不由衷、心口不一、无法说"不"的人以为这样会让自己更受"欢迎",会得到更多的"利益",但往往事与愿违。他们只会把不自信写在脸上,激发更多人的轻视,从而被他人的操控欲所左右、拿捏。

这些人的内心纠结而拧巴,把别人用来提高生存能力的时间和精力浪费在自怨自艾与精神内耗上。一个平庸者从精神孱弱到生存能力低下,再到精神孱弱的恶性循环就是这么开始的。

让自己的孤岛变得繁花似锦

罗曼·罗兰说,世界上只有一种真正的英雄主义,那就是在认识生活的真相之后,依然热爱生活。

生活的真相从来都是不忍直视的,越早打消一些不切实际的幻想、渴望、依赖,越早认识到人本来就是一座孤岛,越早调整人生预期,才能在接下来的生活里不对外界和他人患得患失,不会因极度渴望爱而备受困扰,不会因期待落空而失望。期待和幻想破灭是一个人痛苦的主要来源。

请尝试把人生设定为"这辈子就一个人,不会遇到理想中的爱情",如此认真地去生活,去打理,之后邂逅的善良、温暖、爱意便都是惊喜,会让你产生感恩之心。如果你的设定是"我本该有",多数结果要么是无尽的渴望和失望,要么是肥皂泡中美好幻影破灭带来的绝望。

这一生,让自己这座孤岛变得繁花似锦才是你要做的事。

08.
苦难不该是女性的底色

任何平台上，只要出现女性艰辛谋生的形象，比如那些肩上挑着重担、背上背着孩子的农村妇女；比如那些晚上摆摊卖夜宵、满头大汗的女人；再比如风里雨里送快递的妹子，大家的评论永远是"好女人""贤惠""娶到这样的女人是福气"等赞美，而那些热爱健身、侍弄花草、旅游打卡的女性则会被贴上"媛""装""摆拍"这样的标签，招来否定、羞辱，甚至攻击。

这大概是因为，悠闲的、享受生活的女性形象不符合中国古代传统文化里女性无偿牺牲、无私奉献的设定吧！似乎"苦难"就应该是女人的底色，违反这一设定的女性形象就需要贬低、打压、孤立，并且要被贴上各种负面标签以激发女性的羞耻感来进行约束。

生活里我们要远离持有这种价值观的人，也无需被他们的言论影响，走近这种人的生活，他们能和你分享的，只有苦难。

09.
人的第一责任人是自己

很多子女都活在对父母的各种责任中,自身利益和父母利益冲突后内心充满煎熬。我希望子女们知道,你来到这个世上,第一责任人永远是你自己。照顾自己,发展自己,经济上做到自给自足,精神上做到自洽自适,才是你生而为人的第一责任。

等你自身发展完备了,有多余的能量时,再去帮助别人,包括父母。在这之前,谁打着"为你好"和"爱"的名义需要你牺牲自己的生活、前途、事业等,都是在伤害你,透支你,削弱你。

此外,在你没有能力、没有信心安排好自己这一生的时候,也一定要问自己是否做好了将一个新生命带到这个世界上的准备。如果你做不到无私地爱和奉献,而是希望从孩子那里收割经济和情感利益,让他为你的人生负责,那么将来你也会成为孩子想要逃离的负累。

10.
阻挡你变好的人是你的敌人

作为一个人,生存能力永远是第一位的,生存能力决定人格尊严。

那些挡在你的工作、学业前面影响你前途的人,都是在削弱你的生存能力,降低你的生存意志。他们自己不思进取,还要剪断你的翅膀,就是为了达到控制你、占有你的目的。

这种人不是真的爱你,爱是行动,"爱"不是停留在嘴上,而在于如何做。真正爱你的人永远不会阻止你变得更好、更强大,他们会肯定你、支持你,跟你一起进步、成长,让你蜕变成更好的自己。

把那些不爱你的人踢出你的生活,就是你在向自己表达爱。如果你不爱自己,那么你身边的人就会以不同的形式来践踏你。

稳定感不是别人给的

"不稳定"只是内心的一种感受,是你预先接受了一个"稳定"的参照物对比出来的。比如,你从小就接受了"女人结婚生子才是稳定"的设定,那么在这个设定下,"不结婚生子"就成了"不稳定"。

如果你的内心没有固有的参照物,就不会滋生出"一个人生活就是漂泊不定"的感受,也大概率不会出现焦虑、恐慌等情绪,不会因急着摆脱某种感受而做出错误的选择,比如仓促地结婚生子。这种对自己生命不负责任的决定,才会让你走上一条真正漂泊不定,甚至是全面失控的人生道路。

真正的稳定感是内心的自我苏醒,是学会接纳自身和过往,不对抗、不沉溺、不依赖;是你积极地面向未来的人生,专注解决眼前的问题;是你在不断前进的道路上滋生出的对生命的把控感;是你和生活风浪搏斗带来的信心。这种状态需要你在生活中一步一个脚印地探索和建立,永远不是别人能够给你的。

12. 简单生活是争取来的

"我不想努力了,只想过简单的生活",每每听到这句话,我都能想起过去的自己。几乎每个人都有过这样的时期,认为"简单的生活"是放弃得来的,但恰恰相反,那是争取来的。

简单跟单调乏味、物质匮乏是两码事。能够简单地生活,表示你对生活已经有了更多的选择和把控,取舍由己。你在物质上能自给自足,精神上也必然能不再被世俗之见左右,不需要纠结各种人际关系,和这个世界达成和解。

这样的生活态度,这么艰难的成长之路,有人竟然以为可以什么都不做,身心不经历磨砺,只通过消极放弃、被动接受或者"躺平"就能得来?

做到这些,需要一个人经历生活洪流的冲刷,是痛苦过、挣扎后的觉醒开悟,是一种豁然开朗之后得到的平静,简单的生活只会生发来自内心的这股力量。

13.
投资自己而不是别人

女性为什么尽量不要跟没有自我生活、不能做自我选择的对象在一起？因为如果一个人面对五十种饮料和一瓶水，他依然选择水，那才是真正地爱那瓶水。而事实是有些人一辈子都没有饮料可选，只能选择一瓶水，所以会死死地拿着，因为这瓶水一旦离开，这些人就失去了仅有的。

如果你正在遭遇这些，不要妄想通过道德绑架、谴责对方等行为试图让他们愧疚、难过。从来没有选择的人一旦有了选择首先想到的就是补偿过去的自己，这样你只会成为这条路上的牺牲品。盲人在重获光明之后第一个扔掉的是拐杖，说的就是这个道理。

女性一定要学会把自己当成生活的中心，不要把为他人牺牲奉献（实则是逃避自身成长）当成美德自我感动，要放弃幻想，投资自己。只有在能获取五十种饮料的路上奋进，抛开弱者的依附心态，活成自己生活的主人，身不由己的命运才会远离你。

不是追求幸福,而是避免痛苦

人这一生,不要满脑子只想着如何追求幸福,这种想法往往只能适得其反,你应该想的是怎么避免痛苦。吃甜点会让人幸福,但是吃不上甜点不会痛苦,喝地沟油才痛苦。

把甜点当成人生目标去追求的人,结果要么在想要而不得的执念中痛苦,要么在慌乱中喝上了地沟油。

只有那些把目标设定为"吃饭"的人,因为心中没有对甜点不切实际的渴望,也就不会被欲念支配而惶惶不可终日,可能更容易得到生活额外奖赏的甜点。

15.

找到喜欢的事和找到喜欢的人同样重要

人这一生,找到喜欢的事和找到喜欢的人同样重要。喜欢的事可以帮助你建立一种全新的生活方式,成为你的精神寄托,安放你的灵魂,只要有喜欢做的事你就永远不会孤独。

它不会像喜欢的人那样随时可能消失,除非你放弃它,否则它永远也不会离开你。

你在喜欢的事上感受到的快乐也可以帮助你越来越喜欢和相信自己,当你进入这样的状态时,喜欢的事往往也能帮助你找到喜欢的人。

16. 做好眼前的小事

经营生活的第一步就是做好眼前的每一件小事。你无须担心这辈子是否做得成什么大事,要思考的只是如何把每天的小事做好。

除了死亡是确定的,生命中大部分事物都不可预知,试图控制这些事物是大部分人焦虑、痛苦的根源,而你的思维方式、你眼前的小事是可控的。你不辜负、不糊弄、不欺骗生活,生活就不会辜负、糊弄、欺骗你。

那些一辈子都在吃生活的苦的人,大概率从未认真对待过生活,从未付出过行动,从未对当下负责,是他们先辜负了生活。你需要学会放弃对不可控事物的执念,对生活里可控的部分负责,认真踏实地、负责任地把眼前的每件小事做好。其余的交给时间,生命就会像水一样,自在流淌,奔流通畅。

质疑、痛苦和重建的人生三部曲

人一般要经历三个阶段才会进入豁然开朗期——质疑、痛苦、重建。很多人一生都不曾质疑过身边的人和事,麻木不仁地过完一生;也有很多人对身边的人和事产生疑问后,在愤怒和怨恨中沉溺下去,卡在"痛苦"的阶段走不出来,无法更进一步。可见,这三个阶段中,"重建"是最难的。

无论你当下沉溺在哪一种情绪里走不出来,根源都是你没有意识到"质疑"和"痛苦"都是为"重建"服务的,咀嚼这个过程会非常痛苦,但痛苦是一种能量。

当下的你想怎么定义,怎么使用痛苦,权利都在你手上。你可以坐下来吸食痛苦、自怨自艾,也可以把痛苦看作唤醒内在觉醒的力量,大胆向前跨出这最艰难的一步。只要你开始相信自己能够改变,重建生命的第一块砖头就已经被打造出来了。

18.
发展自己才是硬道理

在你还不够强大时,不管对方是谁,无论他的境况多糟糕,你都要先从心理上抛下他,以自己为先,去发展自己。

因为他的情况越糟糕,越能让你看清一个事实——一个人如果无法对自己负责,无法照顾自己,经济、精神、人格无法独立,那么就必定会成为另外一个人的负担。他的下半辈子只能依靠道德绑架他人,利用别人的责任感、内疚感为自己的生存吸食能量。

你不能成为这样的人。

你不走出去发展和独立,就必定会沦落为这样的人。当然,肯定有很多人不理解,你会被指责,会感到孤独,但这是唯一一条自我救赎的道路。

19.
把根扎到泥土里去

把一颗萝卜籽撒到地里,它会在地底等待生根发芽。很长一段时间里,它都要在黑暗中发展根系,静静地吸收养分,最终才能冲破覆盖在头顶上的土,冲出黑暗见到阳光雨露。

任何生命的成长都是有周期的,人也一样,请对自己耐心一点,多给自己一些时间。生活中某些不幸的人往往就是因为没有经历真正的成长,如同被他人控制、被大棚围起来、被各种添加剂催熟的"畸形农作物"。

当下的你如果感到迷茫,感觉自己在黑暗中摸索,这表示你正处于生根发芽的阶段。你要做的就是正确认识自己的处境,告诉自己这是一个人成长的必经之路。

你需要沉淀下来,然后尽可能地伸出触须吸收周围的养分,建立强大的根系,而不是整天关注左边的大白菜长多大了,右边的番茄现在什么情况,担心自己比别人长得慢、长得矮。所有的东张西望都只能说明,你根本就没有在认真扎根。

20.
别被性别意识束缚

如果一个人处在追求满足"吃"和"性"的基本生存阶段,那么他能参与的也是围绕"吃"和"性"展开的人际交往。任何更积极的关系的建立,都需要你先成为有更高追求的人。你必须蜕变成真正意义上的人,才能建立"人"际关系。

很多女性年纪渐长后反而活出了自己,率性而为,不再被各种耻感包裹。这是因为这时候她们身上的"女性"标签被摘除了,来自男性的凝视会降低甚至消失,她们在面对男性群体的时候,已经能够跳出性别框架的束缚。

如果一个女人只活在女人的意识框架里,她自然只会参照这个性别的标签去生长。而任何人抛开性别意识,先把自己当"人"时,就会发现身边真正意义上的"人"也会渐渐地多起来。

男人和女人只会产生男女关系,人和人之间才能产生人际关系。

21.
为生命创造美好良善

从生到死、从鼎盛到衰败本身就是悲凉的,人要接纳这个无可奈何的设定。也正因为这个结局的存在,像花一样绽放出绚烂的生命过程才尤为重要。

一个人在生命的最后,不是靠着对子女的期待活下去的,而是靠着与自身过往相关的点滴回忆活着。回忆里多一份美好,内心就多一份安宁,等待死亡的过程中就多一份坦然和平静。

看到一些人年少时无恶不作,伤害他人,做尽问心有愧的事,我会感到非常可惜。除非一直活得如僵尸般愚钝、麻木不仁,灵魂始终蒙昧,否则哪怕良知只苏醒一丝一毫,当老了只能坐在轮椅上靠着记忆"喂养"灵魂时,发现回忆里鲜少有美好,鲜少有和他人交往带来的温暖,鲜少有爱,能咀嚼到的尽是过往的凄凉、后悔、懊恼和伤害他人的点点滴滴,而此生已经没有机会再弥补,这样的每一天必然都是煎熬的。

22.
依靠自己，别依靠"强者"

很多女人在穷弱、孤独、生活无望、精神贫瘠等生命低潮中，首先想到的就是找个男人"依靠"，这也是为什么很多女人二十出头就匆匆把自己嫁了。

事实上，二十出头是人生刚起步的年纪，不可能有什么大收获，"弱势"是正常状态，这世上没有哪粒种子丢到地里一分钟后就可以发芽。还有一些女性被社会舆论打造的"大龄剩女"标签左右，焦虑且恐慌，认为自己现在的年纪是"最好"的，要趁机寻个好归宿。

在相对健康的社会环境中，弱势一方不会因为自己"弱"就充满恐惧，不会像动物一样去找强大的个体依附。如果周围环境让你产生了这样的念头，你要明白，这是强势一方通过掌控绝大部分资源和话语权打造出来的。

在这样的环境里去投靠强势的一方，你觉得对方会解决你的穷困、你的孤独、你对生活的无望吗？如果对方真的为你的利益着想，那么一开始就不会营造这样的环境诱导你，驱动你。这样做的目的，只是为了让你走上一条既得利益者希望你走且自己不用支付太多代价的路而已。

23.
你的生活在远方

动物被长期关在狭小的空间里会出现刻板行为，比如大象会一直在原地打转，狼反复走"8字形"。

人和动物是一样的，在狭小的空间里生存，思想就会变得单一，表现之一就是产生执念，周而复始地在一件无意义的事上自我消耗。这些人在我们身边比比皆是，却不知道要改变。

动物被人类捕获便无法决定自己的命运，但人可以。如果你目前因为各种原因，一时陷在狭小的生存空间里，无力改变环境，不得不和那些给你带来痛苦的人一起生活，就请你在内心筑起高墙，小心翼翼地守护自己的精神世界，专注当下该做的事，做那些能够丰富、强大你生命的事。你要为了有朝一日能去往更大的世界不断锻炼翅膀，而不是停下脚步与那些给你制造痛苦的人对抗，对抗所产生的情绪只能让你作茧自缚。

24. 农村女孩，看清你面前的道路

很多偏远地区的年轻姑娘极少有接触外面世界的机会，基本没读过什么书，要么十七八岁就被父母嫁出去；要么被人介绍出去打工，几年后把钱交给父母，再重复上面的步骤。

那些被嫁出去的农村女孩，运气好的能被婆家和丈夫善待接纳，一辈子苦一点也就这么过了，但也有不如人意的情况。

所以我鼓励农村姑娘出来打工，相比于进厂，去大城市做服务员都是更好的选择。个人认为，前者环境相对封闭，后者是相对开放流动的，接触的人，从四周得到的信息，可能获得的机会都是前者远不能比的，这是一潭活水，活水才有生命，有希望。在你不够强大的时候，你挣的每一分钱都应该投资在增加自己的体能和知识上，要留在你自己身上。

25.
自我修复从自爱开始

有一些女孩,只要有人对她们稍微好一点,就感激涕零、掏心掏肺地回报,甚至以身相许。

追溯这些女孩的成长过程,无外乎在成长阶段有被父母忽视、打压、贬低的经历。她们从小没有被善待,没有感受过肯定和被爱的滋味,性格普遍自卑、胆小、懦弱,总是看他人脸色,这是在恶劣的养育环境中被长久欺凌造成心理创伤的表现。有这种心态的孩子长大后总是在渴望爱和肯定,所以很容易被人利用,即便遇到真正的好人,也会深陷怀疑,觉得自己不配。

自我修复是一段漫长的道路,需要正确地认识过去,理解父母的局限性,需要从此时此刻开始抚养自己内心受伤的小女孩,陪她慢慢长大。你要学会鼓励、肯定那个小女孩,告诉她一切都会好起来,她很棒,她值得享受这世上所有的美好,她值得尊重和被爱。你不能让任何人去伤害那个小女孩,鼓励她勇敢地说"不",不要再像当初父母对待自己那样去对待她。她会慢慢健康长大,她成熟那天,你内心的黑洞也就修复好了。一切都从自爱开始。

26.
自爱是为了爱人

我们自爱的终极目的是为了有一天能够爱人,是为了有一天自身爱满则溢能够拿去无私奉献。爱只有流动起来才能产生巨大能量,惠及他人的同时自己也能成为这股能量的受益者,从爱人中收获内心的满足与喜悦,体验人世间最纯粹的情感。没有能力爱人的人,就不会被爱滋养。

如果对陌生人没有爱与共情能力,只对特定关系里的人有"爱",那不是"爱",那只是以关系为前提,在一个相对确定的利益共同体内,成员之间有保障、有收益、有回报的情感交易,是一场利益互换的游戏而已。有前提的付出不叫付出,而叫投资,投资只以回报为目的,里面没有爱,真正的爱是无私的。

很多人只会把情感当作交易,不会爱己爱人,根源之一是他们的父母都不曾真正无私地爱过他们,所以很多人终其一生都不知道爱是一种怎样的情感。太多人生下来怎样,离开时还是那样,仅此而已。

22.
向着山顶进发

如果你出身社会基层,所处的环境就相对"浑浊"。山脚的人总是最多的,又因为视野受限,思维狭隘、精神贫瘠的人也相对较多,所以当你刚走上社会的时候,会遇到很多损人利己、麻木不仁、自私冷血的人,他们想要从你身上占各种便宜,让你受尽委屈。

这些都是你在人生升级路上要打的"初级怪",你要做好心理准备,了解当下所处的环境,建设心理防线,学会保护自己。在利益受损时学会聪明地斗争,必要时也要伸出利爪。越是"浑浊"、弱肉强食的环境,"强悍"的标签就越能成为你的保护罩。

那些无力改变、不能不受的委屈都是暂时的,学会放下,然后前进,把"走出这个环境"作为目标!你的目标应该是山顶,而不是在山脚和人纠缠,被他们改变,或从此倒下。把你所受的委屈化为学习的动力,你学进去的每一点知识,掌握的每一个技能,看过的每一寸世界,思想上的每一分开悟,都会帮助你远离厌恶的环境和那些不想接触的人。

28.
身为女人值得骄傲

女性自带的"性"和"生育"价值,不是用来交换生存资源的筹码。

女人应知道自己天生宝贵,明白自身的价值,为自己生为女性而感到骄傲,从而活得更加自信,活出自身的主体性。

女人需要带着这份骄傲,了解自己作为一个社会人要遵从的社会运行规则,去适应社会,努力创造价值。反之,就要被迫接受"不平等条约",乖乖交出"家底"去交换生存资源,走一条毫无保障、毫无尊严的路。

真正能让你觉得从容自在,有安全感、有尊严的生活,是交换不来的,只能依靠你后天的勇敢与智慧,通过双手创造出来。

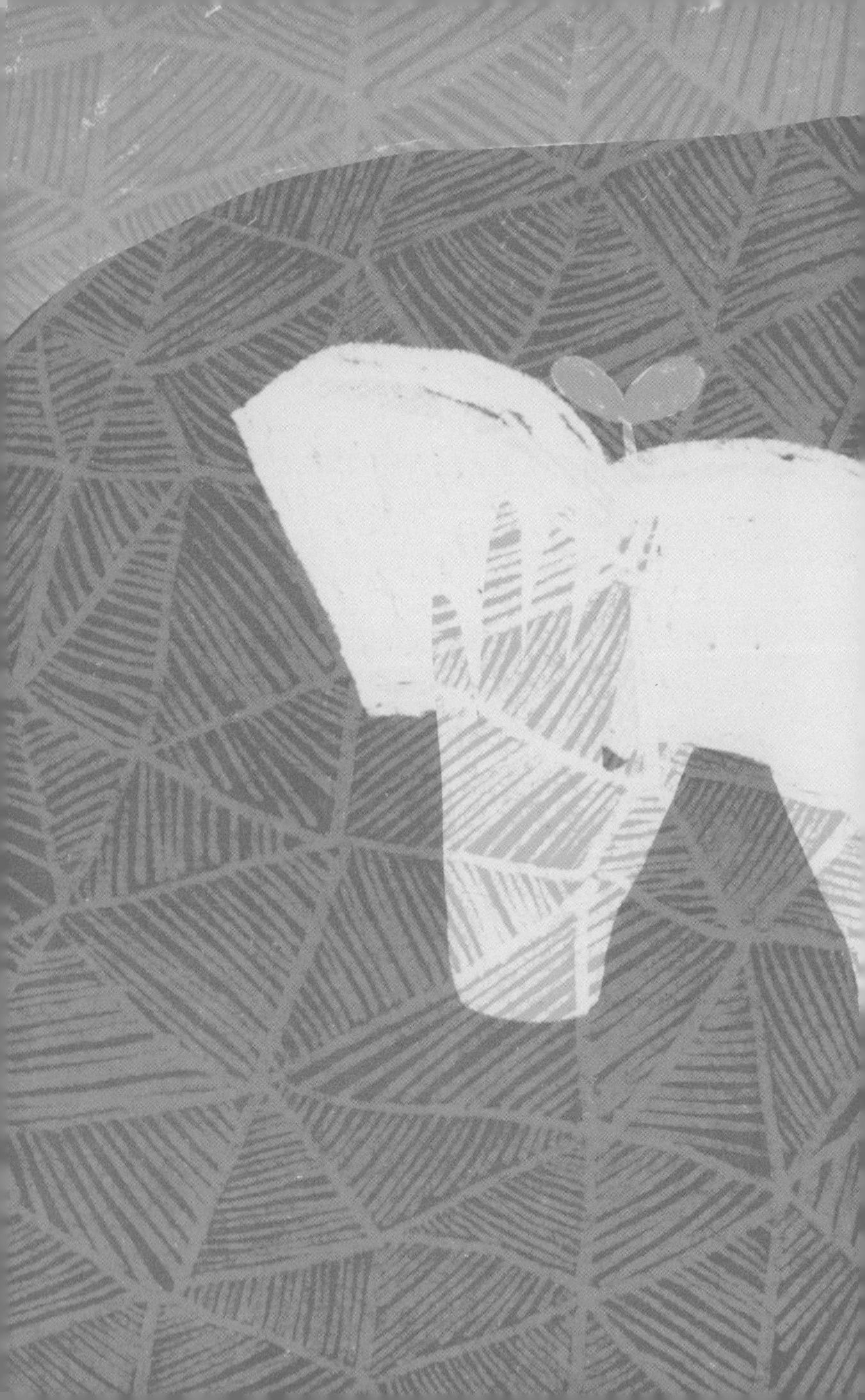

II

两性关系

你身边的人是你的价值观筛选出来的

29.
找对象转为找自己

对象不是找来的,而是在你建立、开拓、创造自己生活的过程中吸引过来的,是你的同路人。你活成一道光,上百公里外都有人能看见。但发光不是为了吸引异性,心里有这个执念根本发不了光。

你只有真的大彻大悟,掉转头看向自己,找到自己,认真生活,认真学习,认真体验,一点一滴地丰富自己,把大脑调整成"这辈子一个人过也无妨"的设定,身心才会放松下来,生命的光源才会渐渐聚拢回归。

有一句话很有道理:爱只会流向不缺爱的人。当人不会被牵制、困扰和奴役时,才不会因为极度渴望的心理影响判断。

那些为了摆脱孤独而找对象、被外界支配而仓促进入婚姻的女性,婚后生活往往是一地鸡毛,一步错、步步错,人生从此进入恶性循环。她们就这样在前半生制造悲剧,后半生耗费在对抗、修复悲剧中。

30.
亲密关系里的"本位"意识

恋爱本质上像娱乐活动。你要问自己,在这项活动中玩得开不开心,是不是喜欢,自身的感受是怎样的,更重要的是,有没有在这段关系里进步。

你喜欢,你开心,你享受,你进步,才应该是恋爱的意义。

在一段亲密关系里,永远不要揣摩对方在想什么,问迹不问心,你只需关注对方做的事,以及他做的事让你感觉如何。女性的直觉会尝试引导人们忠实于自己的内心,从而做出最符合自身利益的选择,可悲的是很少有人愿意相信自己,相信自己内在的声音。

主动即自由。一个能在两性关系中掌握主动权,做到我喜欢、我选择、我承担的强者,在任何一段亲密关系里都不会是受害者。

31.
频频回望过去，无法让自己前进

许多女孩说总是忘不了过去的某个人，但其实并非忘不了他，而是忘不了和他一起曾经有过的生活。忘不了是因为要么从未有过自己的生活，要么无法推进当下的生活。

人停留在原地频频回望并不是因为过去有多美好，多令人留恋，而是因为没有勇气建设、开拓、丰富、创造新的生活，毕竟回望过去只需回想，而向前则需要勇气和行动。

所以对很多人来说，直视举步不前、无能为力的自己，更简单的是借此机会为自己打造一个"受伤"的"深情"人设，这既可以满足自己心灵对深情的需要，还可以暂时逃避生活对自己的追问。当一个人的眼睛看向别处，心灵有短暂寄存空间的时候，就不会总在审视自己。

32. 爱可以发生在任何年龄

社会上对"大龄剩女"的污名化，婚恋市场上男性对女性年龄偏执的在意，这背后的深层原因在于很多人对女性的价值认定还停留在性价值和生育价值上，把年龄和年轻的身体挂钩，把"性"和"生育"挂钩。

什么样的女人会被年龄焦虑所支配？就是这辈子需要以"性"和"生育"当投名状在婚姻里谋生的女性。这样的女性需要在自己身体机能最活跃、最旺盛，性价值和生育价值最高峰的年龄段找到心目中理想的"买方"。

如果你这辈子不需要通过"性"和"生育"在婚姻里谋生，那么那些物化女性的男性就不在你的择偶范围内，年龄不会成为你在两性关系里焦虑的因素，因为爱可以发生在任何年龄阶段。

33.
警惕亲密关系里的顺从性测试

我经常看到一些女孩发帖说"男朋友不让穿短裤""男朋友不让穿吊带""老公不让……"等等。这些现象中的"不让"只是表象,其本质是在通过顺从性测试、精神驯化来进行操控。就像动物用气味标记自己的地盘一样,这些人也是在用这种占有的方式标注自己的所有物,通过种种限制宣示自己的所有权和主导权。

你一旦妥协,"所有物"属性就会生成,而这仅仅只是开始,以后会有无数类似"不让""不容许""不准"的场景。那些没见过真正成熟理智的爱,同时也没有学会自爱的女性,容易把男人的占有和控制当作"爱"。很多婚恋悲剧就开始于女性以被占有、被约束为习惯,对方的控制欲得到喂养后日益膨胀,当你感到窒息想要逃离时,悲剧就会发生。

一些女孩总是抱怨自己遇不到好的爱人,这时候应该先问问自己,你尊重自己、爱自己吗?你捍卫过自己吗?你有过自我吗?毕竟你的生活和生活里的人,都是通过你对待自己的态度筛选出来的。

34.
爱情和婚姻是两回事

我认为爱情是荷尔蒙瞬间的作用,以精神满足为主,而婚姻除了承载爱情,更主要的是担任家庭及社会功能。婚姻制度中有一套完整的法律条款来明确双方的责任和义务。

对个体来说,婚姻能通过资源重组达到共同抵挡生活风险的目的,只是从当下某些人的婚姻现状来看,女性在婚姻内支付的家庭劳动、抚育劳动保障不足。对有些女性来说,婚姻不但没有起到抵御风险的作用,反而有可能成为自己一生当中最大的风险。

结婚前要搞清楚爱情和婚姻的本质区别,了解婚姻有可能给自己带来的风险,问问自己有没有能力承担其中可能出现的最坏结果,如果不能,需要等有能力时再去选择。

35.
远离跟你哭穷的男人

有一些女孩问我,男人有意无意向她哭穷代表什么意思。意思有二:第一,降低你的期待,让你不要指望花他的钱;第二,为花你的钱做铺垫。

地球上所有的雄性动物求偶时都会尽可能地展示自己强大美好的一面,这是由于基因承载着优胜劣汰的任务,这也是为什么雄性动物普遍长得好看,比如,毛色鲜亮五彩斑斓的一般都是雄鸟。

一个正常男性如果想要博取你的好感,他会捍卫自己的男性尊严,会尽可能地向你展示他各种美好的品质,以此来证明自己值得交往。他绝对不会违反生物本能暴露自己糟糕的一面,比如在求偶信号中透露糟糕的财务状况,除非他本身动机不纯,摆明就是来占便宜的。但无论他的动机是什么,这种人的心智和自尊都是偏低下的,不值得交往。

36. 选择有能力的结婚对象

一些女性在结婚时把有车有房当作硬性条件,这是非常大的误区。

她们没有意识到,男方的房和车都属于婚前财产,本质上和她们没有一点关系。而且不少男性的车、房款都是由父母帮忙支付首付,那么婚后房、车和女方唯一的联系可能就是:男方用自己的工资还房贷车贷,用女方的工资补贴家用。

比起房和车,女性真正要考虑的应该是对方的个人能力,物质层面的东西就像古代男性捕获的猎物一样,是生存能力的证明,如果由父母代劳,只能证明自己选择的对象能力低下。

在选择结婚对象时,要明白真正能让你幸福的不是房和车,而是对方是否有独立生活的能力,哪怕靠自己的双手只能打到"小猎物",也比依赖父母去获得物质强。

37.
婚前同居要对自己负责

一个女人如果坚持结婚前和对象先同居三年,婚后不幸的概率大概会降低一半。同居的前提是和恋爱对象的感情发展已经相对稳定,自己内心笃定,发自内心地有更进一步的打算。

婚前同居的价值在于,可以避免把对结婚对象的了解,对对方生活习惯的观察,对婚姻生活的体验放到产生法律关系层面甚至生了孩子之后,否则这个风险太大了。

提到同居,很多女性会本能地有羞耻感,觉得"吃亏",这是女性被长期灌输性羞耻感所造成的。在这个语境里,女人的性是为男人服务的存在,是被动的、附属的,她的主观意志被忽视,她的性欲被模糊,她根本不被看作是一个对自己的身体有绝对把控权的独立个体。因为只有女性被性羞耻感支配,那些想要在性领域建立主导地位的群体才能获得控制和支配权。

一个能保护自己、对自己负责、能跳出精神牢笼的女性,从源头上就不会有吃亏的感受。她只会遵循自己的意志,尊重自己内心真实的感受,主动选择自己想要的爱。

38.
如何面对父母反对的婚姻

如果你连结婚都有被父母反对的烦恼,那你暂时还没有资格结婚。有这种困扰表示你目前还不是一个精神独立、能全权对自己行为负责的人,你的潜意识中还存在对这段婚姻可能出现的某些问题无法负责的担忧,你在经济或情感上还需要依赖父母。

父母能对你的婚恋问题进行干涉,也就表示你从未脱离过他们真正地独立成长,你在精神上依旧是个婴儿。既然你目前还不够独立,还没有足够的能力处理好家庭关系,那又是哪来的信心认为你是在做明智的选择,并且能经营好亲密关系,承担起婚姻的责任呢?

父母反对的婚姻大多以悲剧结尾,往往不是因为父母有多睿智,也不是因为所选对象有问题,你遇到任何一个人都有可能出现同样的结果。失败的根源在于这个阶段的你根本没有能力去处理好夫妻关系,更别说承担家庭责任了。

如果你正处在这一阶段,就不要急着恋爱结婚,先脱离父母的经济、精神庇护,实现独立生活,先去和书籍,和知识,和自己谈恋爱吧。

39.
和自己谈恋爱

你在恋爱中为对象做的那些事,也要学会为自己做,学会和自己谈恋爱。

哪怕不是去见什么人,也把自己收拾得干干净净;给自己做饭,享受美食;保持肌肉线条,自我欣赏;一个人躺在沙发上,喝着饮料甜甜美美地看一部电影;舒服地泡个澡,敷个面膜……把内心对他人的期待换成对自己的期待,每天期待自己能给生活带来什么样的进步、惊喜和新鲜感。

你能和自己谈恋爱,能从和自己的相处中获得快乐,才有可能在与恋人相处时同样快乐。这种快乐是从你内心滋生,而不是被他人赋予的。如果你失恋后就像掉进泥潭,感觉万劫不复,那是因为你在恋爱中的快乐都是别人给的,恋人走了你的快乐也消失了。

所以姑娘们,学着和自己谈恋爱吧,学会独处时让自己快乐起来。这一生出现在我们生命里的人都是过客,唯有自己才是从生到死陪伴我们最久的那个人。你是你终身的恋人。

40. 什么是对的人

判断一个人是不是对的人,你的内心可以很明确地给出答案。

我们总是用语言解释对爱的理解,爱的确有很多种表达方式,但真正被爱着的人身上彰显着爱的能量是一样的。

你可以问问自己是不是比以前更快乐、更自信、更积极了,你在这段关系里是不是成长了,你对未来是不是更充满希望了,最重要的是,你是不是更加喜欢自己了。如果你喜欢和这个人在一起时的自己,那他就是对的人。

这些问题不仅仅适用于亲密关系,评判其他人际关系健康与否也是同样的逻辑。

41.
宠爱是给宠物的,不是给人的

很多女孩总是渴望被人"宠",如果是抱着娱乐放松的心情,或是为了在亲密关系里增加情趣倒也无伤大雅。但如果真的抱着找一个人"宠"自己的心态,寻找所谓的"爹系男友",转移对自身生命的责任,是非常危险的。

"宠"这个字是针对宠物的,其动作也是由上至下发起的。渴望被宠爱的人可以想象一只金毛狗,趴在地上眼巴巴地看着你,想摇摇尾巴就得到自己想要的东西。但同时,就要接受一只宠物的命运:主人高兴时就跟它玩,把它当"家人";不高兴时,它就是条狗。

幻想被宠爱实际是在逃避自身的成长与责任,这样的女性所拥有的往往只有性价值和生育价值,那么在这两样价值被消耗后,别人还有什么理由继续"宠"你呢?很多女性在消耗了大量的时间和精力后发现,当初幻想当"宠物"能够得到的东西,实际上是拉磨的驴眼前挂的那根胡萝卜,看得到,却吃不到。

42. 出轨者的心理

很多婚内出轨的人被发现后总是一把鼻涕一把泪地表示:"我只是一时糊涂""我是被勾引的"。无论这些人嘴上说什么或表现得如何懊恼,希望大家都能明白一个事实:出轨不同于激情犯罪,不是一时冲动之下的行为,出轨是一个过程,有动机,有物色,有预谋,并且有小心翼翼的隐瞒。这个过程中往前推动的每一步都要经过大脑思考,不存在一时糊涂。一个人只要出轨一次,就是在用行动说明——你,你们的婚姻,你们一起建立的生活,甚至你们的孩子,于那人而言都是可以失去的。如果无法承受失去这一切,他是不会出轨的。很多人出于现实的考量会选择容忍,但最起码要知道这其中的真相。

希望还未走进婚姻的女性都能努力实现经济独立和精神独立,在生育前问问自己,孩子的到来会不会降低你的社会竞争力,会不会让你在婚姻中处于更加弱势的地位。因为你的弱势会释放出一个信号——你本身已经被消耗殆尽,哪怕遇到背叛,你也没有转身就走的能力,背叛你是没有代价的。在高离婚率的今天,怎样在婚姻中保护自己的利益,提高对方出轨的代价,应该是每个想经营好婚姻的女性都要认真学习的必修课。

43.
正确看待"渣男"

在恋爱关系里,男人遇上了他认为更好的女人而选择离开你没有任何问题,哪怕见一个爱一个也不是"渣男",只要这个过程中没有欺骗。

"择偶"本身就在于选择,没有选择就变成了包办。很多男性之所以被称为"渣男",不在于他见一个爱一个,而是在这个过程中做不到正视自己的内心,做不到不欺骗,做不到有担当,做不到看着一个女人的眼睛诚恳地告诉她自己喜欢上了别人,感谢她迄今为止的陪伴……而是通过各种卑劣的手段隐瞒、欺骗,脚踩两只船,把对方当备胎,或利用冷暴力逼迫女方主动放弃。

我们要批判的应该是这样的懦夫。

一个坦坦荡荡、没有欺骗、因为想和别人重新开始而结束恋爱关系的男性并不需要被谴责。每个人在不同时间段想要的东西不一样,与其感到伤心和愤怒,不如问问自己是被什么束缚住了,以至于遇见更好、更合适的男性却不敢追求。无论男女,都应该勇敢地去追求心之所向!

44.
不期待好男人,只期待好自己

女人永远都不应该期待好男人,而应该只期待更好的自己。

好的人际关系应该互惠互利,亲人、朋友、夫妻间也是一样。女孩要尽早把脑子里"我一无是处也有人无条件爱我"的幻想戳破,这是对生活的无知,是愚蠢,是走向不幸命运的序曲。

世上没有天生的好人,只有受法律和规则约束的文明人,而期待好男人就像期待没有法律约束下的人性。就个体而言,当你能自给自足,能创造并享受生活时,那些想要参与你的生活、享受你带来的好处的人就自然需要学会遵守你生活里的规则。

所谓的好男人就是这样得来的,他是先被你吸引,然后为了能留下,从而发挥自己的主观能动性,不断自我进化、自我约束、自我修正后炼成的。

45.
亲密关系是获取美好人生体验的手段

亲密关系是可以帮助我们丰富生命,收获美好人生体验的手段,不是目的。

如果你现在想随便找一个男人建立亲密关系,或者领结婚证、生孩子,这一切一点都不难。你不去做是因为这不是目的,你真正的目的是希望获得一个人生伴侣,在和他的互动里感受爱和被爱,体验互相支持、相濡以沫带来的归属感。

在明确了我们渴望的不是亲密关系,而是美好的人生体验后,我们还要知道,能获取美好人生体验的手段太多了。

很多人之所以沦陷在亲密关系的漩涡里不能自拔,除了因为长期的文化驯化使其丧失了探寻其他人生可能的意识,还因为人生其他美好的体验大多需要通过自身努力才能获得,比如升职加薪、走遍世界、在某个领域取得卓越成就。这些都需要在生活里付出一点一滴的努力,相比之下,亲密关系由本能驱动,又能即时带来美好的体验,似乎不需要付出什么代价和努力就能轻易获得。

46.
"我娶你"不是一种恩赐

现在竟然还有女孩把一个男人嘴里的"愿意娶你"当成是对自己的嘉奖和恩赐,一些平台上成就卓越的女性博主的视频下,也经常能看到一些男性类似的留言,而且点赞数还非常高。

很多男性无论自身条件如何,都自信地把"愿意娶你"当作是对一个女人的肯定。这种自信大概来源于过去上千年的封建思想残留,古时女人普遍只有性价值和生育价值,只能依附男人,无法独立生存于社会。人很容易走出现实的藩篱,却很难走出精神藩篱,思维意识一旦固化,总是坚不可摧。

在女性跟男性一样读书、上学、工作的今天,很多人依然保留着思维惯性,没有意识到女人和男人一样可以在社会上参加劳动,女人不依靠男人也可以生活下去。当下的婚姻于女性而言已经普遍上升为精神需求,而不再是生存需求了。

42.

恋爱谈爱，婚姻谈平衡

那些在谈婚论嫁过程中，带着许多所谓"无奈"来传达父母的"意思"、和你讨价还价的异性，不要怀疑，父母的意思就是他的意思，他代传的那些话就是他的想法。很多女性的不幸看似是别人带来的，其实是因为自己对人性一无所知。一些男性善于利用谎言和苦肉计让女性心生愧疚和同情，女性沉浸其中，却意识不到对方就是编剧。

在婚姻中有资本讨价还价，能把握主动权的女性，会把婚姻看作是锦上添花而非雪中送炭。如果你一个人无法生存，你是没有谈判筹码的。

无论什么时候都要清醒地知道，你在婚姻中的感受是什么，你想从中得到什么。如果婚姻不能让你从中获利，不能让你的生活比单身时更美好，那为什么要结婚呢？爱和利益不冲突，不要被"爱"的道德绑架。爱是将自己的利益分享给对方，如果只谈爱不谈利益，可以只恋爱，不结婚。男性结婚同样是为了自身利益，所以请不要因为争取自身利益而产生羞耻感。如果你无法跟一个准备度过一生的人谈钱，谈利益，那么他就不是对的人，对的人会主动考虑你的利益。

48. 找到生活重心，告别恋爱脑

我曾看过一个针对男孩的采访，问他们喜欢什么样的女孩。回答中，"霸气""保持高冷"，这些词语的出现频率较高，这背后其实包含着他们对独立女性的渴望。这种独立包括有自己的生活、事业、朋友和兴趣爱好，恋爱只占生活中的一小部分。在生活中全面发展、注意力分布均衡的人，才会具备真正的人格魅力。

很多女孩喜欢在异性面前投其所好地表现出难以捕获的猎物姿态，仿似高冷、霸气，但自身根本无法给予这种气质支撑。这样的感情一旦过了追逐的悸动和肉体的欢愉阶段，就会变得索然无味。而不少男性抱有狩猎心态，很快就会转向下一个目标。

生活中恋爱脑的女性和"渴女"的男性，基本上都是同一类人，他们普遍没有生活重心，只能从他人身上获取快乐，排解寂寞，极度渴望通过恋爱来填补自身生活的贫瘠。当一个人的快乐和满足只能来自外界时，在亲密关系中往往会表现得不安、自卑、患得患失、控制欲爆棚。

那些还在寻寻觅觅，在他人身上消耗情绪、浪费生命的女孩，请想明白应该把自己年轻旺盛的精力用在哪里！

49.
不是收入少就该多做家务

一些女性总是抱有收入少就要多做家务或者家务全包的心态,而一些男性也很擅长利用这一点,用"经济收入少就等于家庭贡献少"的话术来打压、贬低对方,从而压榨对方的劳动力。如果夫妻二人都参加社会劳动,都是8小时工作制,无论收入多少,你们劳动的时间是一样的,你们的精力支出和劳累程度是一致的。抱着"收入高就可以少做家务"心态的男性,应该在谈恋爱时就提出来,给彼此选择权。在结婚前没有达成共识却在婚姻内单方面宣布的"决定",是自以为是、一厢情愿。

如果一个男人有家庭责任感,兢兢业业地为家庭做贡献,给了你足够的尊重、体贴、关怀,工作也确实很忙,你做家务心甘情愿,那么他给你的情绪价值就可以当"钱"用,你可以在能力范围内多承担一些。如果一个男人把你当免费保姆使唤,只是在一张结婚证的庇护下利用你,压榨你,透支你,消耗你,你根本没有必要配合他来践踏自己。谁不尊重你,打压你,让你感到痛苦,你就应该离开谁,没有任何"但是"。可怕的永远不是有毒的关系,而是你面对有毒关系的时候,没有转身离开的勇气。

50.
破除对爱情不切实际的幻想

很多女性总是陷在对爱情的幻想中不能自拔，请问一问自己，从梁山伯与祝英台到罗密欧与朱丽叶，古今中外，人类自有文字以来对爱情的记载是不是多为美好的歌颂？一件需要讴歌、赞美的事只能说明它本就稀缺，根本不可能普遍存在于大众之间。你相信爱情普遍存在，那是因为有人需要你相信，否则你就不会为了爱情飞蛾扑火，做出各种牺牲。

在长久以来的宣传中，女性大脑里爱情的比重被无限拉高，导致女人把爱情当作信仰去追求。而男性则被鼓励追求金钱，追求事业，追求成功。男性在成长过程中会被教导需要为了爱情怎样吗？是不是只知道情情爱爱的男性还经常被人看不起、被说没出息？

一个女人只要能打破对爱情不切实际的幻想，打破对婚姻的迷信，勇敢地追求金钱、事业、成功，就能够体验到更大的快乐。这些快乐能引领她找到真正的爱情，因为她已经不再需要依附任何人，不用考虑生计问题，她的价值感也不再需要别人的肯定。这时她已经有了能够遵循自己内心，纯粹地去爱一个人的力量。

51.
男女平等不是男女平均

男女平等不是男女平均，不是男人搬100斤女人就要搬100斤，不是男人做什么女人就应该跟着做什么。如果按这种逻辑，那竞技体育就应该不分男女组。

男女平等不是忽视男女客观存在的生理差异，而是指社会权利上的平等，是教育、就业、薪酬、机会、上升渠道等方面的公平。

正视女性在性别中的弱势地位，对生理弱势的一方提供安全保障，对女性生育提供社会保障及社会支持，让女性不会因为生理差异而更加弱势，才能实现真正意义上的男女平等。

如果一个社会中的男性普遍信奉男女平均主义，抱着男人干什么女人就应该干什么的心态，那么这个社会里的女性就要谨记，只有持续参与社会劳动才能缩小男女差异，脱离社会性的结婚、生育会让女性生理受损，社会竞争力被进一步削弱，从而拉大两性之间本就存在的鸿沟。

52. 认真辨别择偶中的"对你好"

当问及一些女孩和恋人在一起的原因时,很多回答都是"他对我好"。这里的"好"概括起来大多是"对我百依百顺""懂得哄我""舍得为我花钱""送我上下班""经期给我冲热水袋"之类的事。

如果一个男性在恋爱中能支付的只有大量的时间成本,表示这个人连对自己好的能力都没有,对别人的"好",通常也只是为了达到某种目的而使用的手段。

有能力对自己好的人,时间精力都是很宝贵的。他必然懂得自爱自重,收拾屋子,照顾身体,有清晰的工作、学习目标和对未来的规划,他会用行动建设自己的生活,而不是用嘴给你"画饼",这样对别人的好才有可能是真的好。

当然,如果你本身是一个有能力对自己好的人,自然能识别同类。如果你逃避自身成长,依靠幻想生活,你是个对自己生活"画饼"的人,那么你自然会被别人"画的大饼"感动,毕竟你们是同一类人。

53.
当你爱上一个人的时候

当我们爱上一个人的时候，其实真正爱的应该是这个时候的自己。

在这一阶段，你要密切关注自己的感受。我喜不喜欢他？我喜欢他什么？我开不开心？如果你心里有清晰肯定的答案，就尽情地去享受和他在一起的这段时光；如果这段关系里没有你想要的感受，就告别这段插曲，生活中有远比恋爱更重要的事。你能勇敢果断地离开一个不对的人，才有可能遇到对的人。

外界的人和事都处在变化中，你只能对自己负责，你只能保证自己喜欢一个人时的体验和感受是真实的。即使遭遇背叛，比起愤怒痛苦，你更应该守护自己不为一个糟糕的人改变，不为任何人丧失自己爱的勇气和能力。

54.
放弃幻想才能及时止损

女人想要实现经济独立,第一点就是要放弃以为可以从男人身上得到钱和爱的幻想。

女孩往往被灌输:无须太努力,不用太辛苦,干得好不如嫁得好……在这样的幻影中,男人被打造成了女孩的"退路"。这种期待和幻想会从源头助长女孩想要不劳而获的劣根性,像糖衣炮弹一样瓦解、腐蚀女孩的生存斗志。

人穷的本质其实是思想穷。"贫穷"一词,先贫后穷,精神上的贫瘠和物质上的穷息息相关。所以,请先从思想上解放自己,先做到不期待、不依赖,清醒、坚定地意识到自己终究要长大。

只有精神上走出这一步才有可能挣脱生活的困境,思想穷的人不可能真正富有。她们只会一直期待、幻想和软弱下去,直到因为无法独立生存而心生恐惧,慌不择路,咬住生活中某方丢下来的鱼饵,从此被钩住嘴,活生生地被拖出舒适区,逐渐看清生活本来的样子。

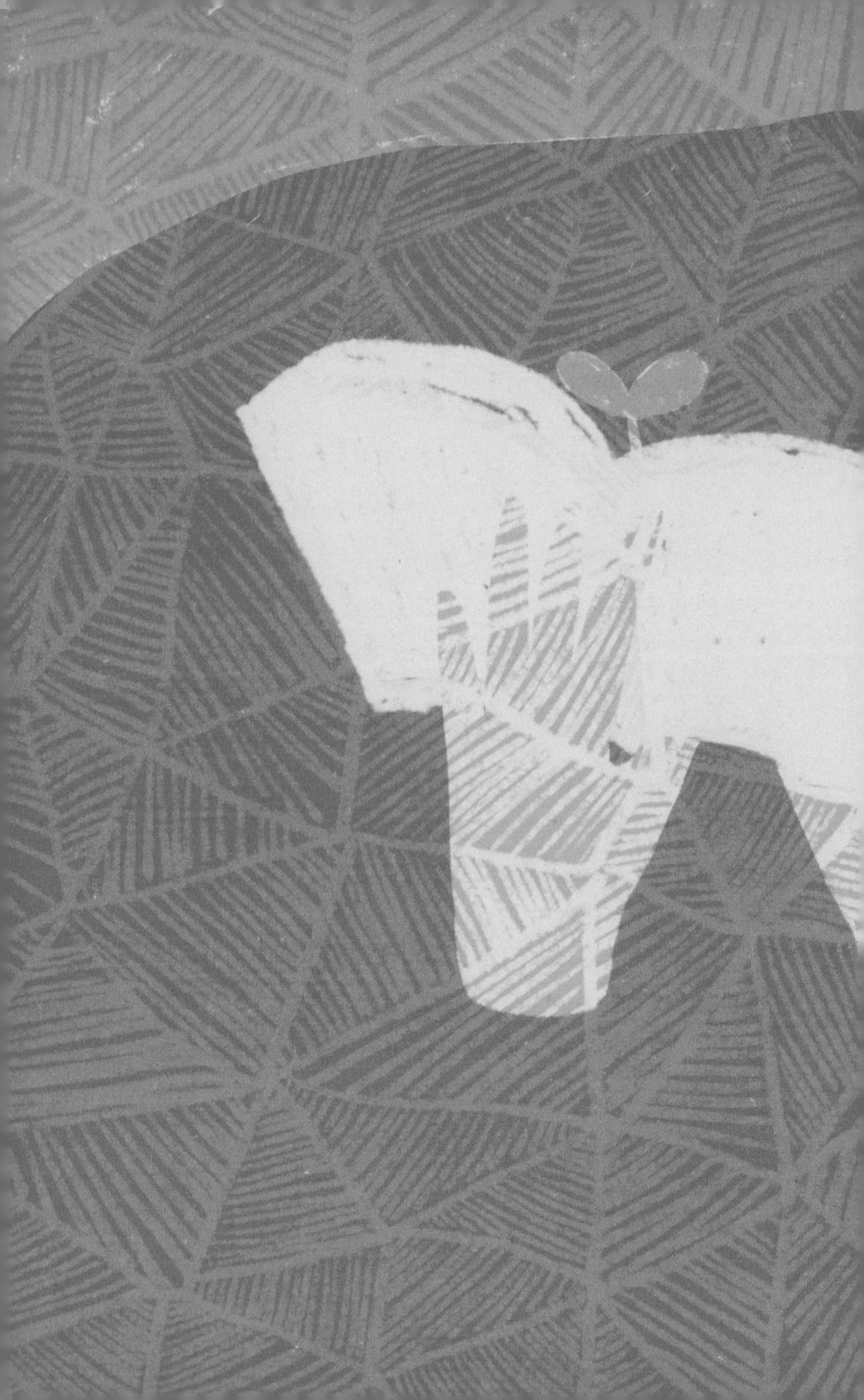

III 原生家庭

父母与成为父母

55.
理解父母的局限性

父母也有局限性。抛开"父母"这两个字的光环,他们大多就是平凡的普通人,生育对于其中一些人的意义无非是养儿防老、满足社会期待、乏味生活的精神寄托,是他们集体无意识下的从众操作而已。只是因为套上了父母的光环,所以我们习惯性仰望,滋生了许多不切实际的期待和幻想。

请理解他们的局限、无知甚至愚蠢,降低对他们的期待。期待、渴望等情绪只是源于我们当下自身的弱势,因为心理上还没有勇气断奶,缺乏安全感,所以还在依赖父母,想获取他们的肯定和爱。但真实的情况是,不少父母他们自己的精神都是贫瘠的,要么不懂爱,要么不会爱。

你之前三分之一的人生确实跟他们息息相关,他们对你造成的影响也毋庸置疑,但更重要的是你要专注思考怎样度过未来三分之二的人生。毕竟生命今后的方向盘是在你自己手上。

婴儿断奶必然痛苦,会不停号哭,成年人精神断奶一样痛苦,但这是一个真正意义上的人成长的必经之路。

56.
放弃对父母的幻想

人成长的第一道坎就是打破对父母的幻想，放下对父母的期待，突破无法成长的依赖型人格，这样才有机会建立起自己的精神堡垒。

你要明白，有些父母一生都未曾得到过爱，也根本不知道怎么爱别人，养育孩子的心态基本可以概括为"以占有和控制为自己带来安全感和精神寄托"，他们是在养育一个可以折射自身价值、帮助自己融入社会的"人型宠物"，本质上是为了满足自身的需要。

你只有认识到这些令人失望的事实，才不会被幻想中的情感束缚、绑架。你的精神保持自由，内心的自我才会茁壮成长。只有打破对父母的种种幻想，剥离他们身上的功能性标签，你才能以一个真正的"人"的视角去看待父母，你们之间才有可能进行"人"与"人"的对话。这是一条由自爱开始，需要经历质疑与痛苦，面对漫长和孤独，但终究通向光明的大道。

52.
父母同样要放弃对孩子的幻想

希望父母也能放弃对孩子的一些不切实际的幻想。如果你分不清爱和占有的区别,从来没有把孩子当成一个独立的个体去尊重,没有支持他人格的独立发展,而只是把孩子当成精神支柱,当成唯一的生活希望,当成一个宠物般占有的时候,自私的种子也在他心里种下了。

有多少成年人还在理所当然地吸食年迈父母的血、占有他们的劳动力、觊觎他们的财产?又有多少父母在晚年抹着眼泪感慨自己养了一个"白眼狼"?事实上,多数"白眼狼"都是父母造成的,只不过他们很难审视自己。

每个人都要把自己人生的课题和他人分离,学会安排自己的人生。只有做到为自己的人生负责,才有可能在人际关系里体验到纯粹的情感。亲子关系和其他任何关系一样,如果没有边界感、没有尊重,打着"爱"的名义互相利用、互相谴责,亲情只会成为充满失望、令人窒息、想要逃离的悲剧。

58. 帮孩子打好人生真正的地基

很多父母从未有过自己的生活,有了孩子后就有了"正大光明"逃避自己人生的理由——"为了孩子而活"。从此全身心扑在孩子身上,把孩子当成精神支柱,他们不仅剥夺了孩子参与家庭劳务、锻炼基本生存能力的机会,而且从未把孩子看作是家庭里的一分子,将其当成一个寄生体,他们从对家庭事务的大包大揽中体验到被需要。

很多孩子从未被要求过参与家庭劳动和建设,对家里的一切事务也没有发表看法的权利,长大后却突然就被要求承担起另一个家庭的责任,做个好伴侣、好父母。这时他除了躺在沙发上消极对待或坐在马桶上逃避外还能干什么?他在原生家庭中一直活得像个外来者,甚至对"家"这个概念都是模糊的,现在被突然要求组建幸福家庭了,他必然会茫然失措。

心智发展是上层建筑,个体存活于世界的基本生存技能是下层地基,只有完成地基的建设才有可能实现独立生活。如果一个成年人连独立生活都做不到,又如何实现任何形式的发展,成长为一个自给自足、人格健全的人?空中楼阁是建设不起来的。

59.
学会真正地爱孩子

很多父母都有个误区,觉得自己无限满足孩子的物欲就是爱,甚至给孩子买车、买房也成了天经地义。

榨干自己的精力、掏光口袋去满足孩子欲望的父母非常多,可悲的是,他们却普遍没有得到孩子的理解、尊重和爱,现今把这一切当作理所当然的子女比比皆是。当然,这也是父母不懂爱才种下的结果。

父母如果想获得孩子的尊重和爱,就必须要先给予尊重和爱,而不是自以为是地认为只要满足孩子的物欲,加上无底线的保姆服务,就能获得自己想要的。

不懂爱的父母表达"爱"的常见方式就是物质满足,因为这远比花时间陪伴孩子更加容易。他们没有耐心给孩子读一本绘本,他们不懂得尊重孩子的独立人格,他们没有能力和意识培养孩子处理个人事务的能力,无法帮助孩子尽早独立。因为这对父母的人格、素养、精神世界都有一定要求,成为这样的父母比只会"砸钱"的父母要难得多。

60. 勇于对抗家庭"文化病毒"

父母通过言语打击孩子的自信,摧毁孩子的人格,终极目的都是为了控制。

家庭是最小的社会单元,在一些家庭里,人员关系就是上下级的统治关系,男人统治女人,男女再一起统治孩子。有多少父母能做到把孩子当成跟自己一样拥有独立人格的人平等看待,言行举止上尊重这个比自己弱小的人?把孩子当作自己的私有财产是当下亲子关系中的常态。

在这样的家庭里,孩子是最可怜的存在,他们连说话的机会都没有。长大后,他们内心潜在的创伤会迫使他们变本加厉地对待身边的人和自己的孩子。这是他们唯一被教会的亲密关系相处之道,也是家庭里的一种"文化病毒",一代传给一代。

只有学会修复内心的创伤,学会爱自己,接纳自己,让自身蜕变成一个真正的人,才能切断传播这种"文化病毒"的路。

61.
建设自己的生存堡垒

有些年轻人精神上备受父母摧残,却又一时无法脱离他们的控制,我的建议是你们要学会隔离"毒气"——在内心筑起一道墙抵御干扰,然后努力学习、努力工作,提前训练自己走上社会的能力。

你当下学的每一点知识将来都会为你提供一个选择,你的选择越多,人生的可能性就越多,因为你不知道哪个机会也许会救你一命。

脱离控制不是对抗,而是转身去建立自己的生存堡垒。无论是在现实还是精神层面上,依附于他人都是没有尊严的。

人有知识储备,才有勇气建设自己的堡垒,终有一天孩子能从父母那里迁徙到自己的堡垒里。当你的身体和精神都在自己亲手打造的地盘里,就能自主决定对谁打开大门,对谁关上大门。因为从那一刻起,你就成为自己生命的主人。

62. "女子本弱,为母则刚"吗

请女性朋友不要再用"女子本弱,为母则刚"这句话自我激励、自我洗脑了。既得利益者需要你牺牲奉献,所以用这种"戴高帽"的方式来激励你,但你何必也要跟着给自己灌迷魂汤呢?请问问自己,如果你结婚前就"弱",做了母亲后真的能变刚、变强吗?

怀孕、生产、哺乳的过程只会削弱一个人的健康,是不可能让你从生理层面变强的。如果说孕育这个过程使你精神变强大了,那也从侧面表示你的育儿环境是缺乏支持的。

一个正常、健康的育儿环境,不需要喊着口号让母亲变"刚",更不需要母亲用"为母则刚"从精神上支撑自己。女性朋友越需要这句话,就越能说明"女子本刚,为母则弱"的事实。

63.
警惕某些父母的指导

真正对我们的人生有指导价值的父母，不需要用语言教导，因为他们的人生就是明镜，他们的生活就是最好的榜样。

有些父母一生碌碌无为，自身没有多少可取之处，却不能自拔地沉迷于"教导"儿女，但他们的"指导思想"绝大部分是从别人那里听来的，要么是电视上，要么是村口王大爷、广场舞的张大妈那里。因为认知受限，他们还会异常坚定自己的想法，哪怕在外面没有一个人愿意听他们说一句话，当回到家里，站到自己孩子面前时，他们能瞬间当上生活、情感、事业、婚姻导师……每个细胞都散发着"我吃的盐比你吃的米多，我走的路比你过的桥多"的自信。

这种家庭出身的孩子，如果想要有所作为，想要突破出身的限制，不再重复上一辈走过的路，就要知道，不盲目听信父母的指导，甚至有时需要朝着相反的方向前进才可能有出路。

64. 牺牲和奉献是需要条件的

对生活没有选择权的女性,谈不上牺牲和奉献,因为牺牲、奉献是需要条件的。假如你本可以选择西瓜,但却因为某种原因,主动放弃西瓜而选择了芝麻,这才叫牺牲奉献,因为你放弃了自己的利益,在这个语境下牺牲和奉献才具备它应有的意义。

那些没有完成原始积累,先实现"拥有"的女性,在只有芝麻的时候给别人芝麻,并不是牺牲和奉献,而是透支和消耗,并且很少出于自愿,毕竟饿着肚子去"喂"别人不符合生物存活的本能。现实中存在大量心不甘情不愿,人生没有选择却围绕在孩子身边"牺牲"和"奉献"的母亲,她们一边把孩子当累赘,心生怨言,一边把孩子当精神寄托,全方位伺候孩子,当生活保姆,孩子结婚生子后再接着照顾孙子孙女,直到丧失劳动能力。

只有芝麻的人是谈不上牺牲和奉献的,更多的是现实逼迫的无奈,是被一顶没有成本的高帽子所绑架。能够实现牺牲奉献的人,自身必然已经实现了某种圆满,爱满则溢,然后再拿出一部分和他人分享,这些分享也必然是有价值的。

65. 父母的逼婚心理

父母会产生逼婚心理，主要有以下几个方面的原因。

首先，他们想和你交流，但是能和你沟通的只有日常吃喝、结婚生子这种话题。父母围绕着一件事反复跟子女讨论，可能仅仅是因为他们不知道除了这些之外还可以说什么，而他们又那么渴望和子女说话。

其次，他们认为孩子结婚前都是自己的责任，儿女适婚年龄后就迫切地想转嫁这个责任，尤其是有女儿的父母。

最后，就是一种集体无意识下的从众心理。绝大部分人这么做了，而自己的儿女却不做，他们就会产生压力和焦虑，于是想通过"逼婚"转移给子女，至于子女想不想结婚、结婚后会遭遇什么，都不在他们考虑的范围内。

如果你不能正确地看待父母的催婚心理，而是愤怒、反抗或试图说服，这只会加剧你自身的困扰。你无需对父母的人生课题负责，你只需要问自己想不想、愿不愿意。不想、不愿意，就远离，切断信息接收通道，去他们"逼不到"的地方才是最优解。谁痛苦，谁就做出改变。

66.
父母的爱是为了更好地和子女分离

有人说:"父母供我读书,给我买车买房,他们这一生活着就是为了我,对我好得不能再好了。"但是你要明白,这些"好"是有条件的,比如需要你按照他们的意志去生活,而这种"好"也在降低你的生存能力。

你在没有生存能力时,才会乖乖接受被安排的命运,包括择业择偶、结婚生子、留在他们身边提供情绪价值等。

真正的爱有很多种表现方式,但爱在一个人身上的能量作用只有一种:它会让一个人变得更好、更独立强大。真正懂得爱孩子的父母会尽可能给孩子提供好的教育,帮助孩子尽快丰满羽翼,而不是利用物质去诱惑、捆绑孩子;他们期待孩子飞向更高、更广阔的世界去实现自我,活出理想的人生,同时他们也会为此感到骄傲,而不是想方设法地把孩子拴在自己身边。

世上其他形式的爱都以相聚为目的,只有父母对孩子的爱应以分离为目的。

62.
跳出"母爱伟大"的陷阱

女性生产后照顾、哺育婴幼儿是一种本能,是爱,又不只是爱。爱是精神世界的产物,是一种能力。世界上一切形式的爱都是后天形成的,需要通过人与人之间的相处培养出来。如果"母爱"是本能,那每个人都应该在爱中长大,人世间就不会有诸多悲剧,有诸多缺爱的、不幸的人。

当下能够实现爱己的人都还是少数,女性又怎么会只是在完成生育这个过程后就一夜之间有了母爱呢?母亲的爱,是在养育孩子的过程中,在和孩子的互动中滋生的。所以请不要高喊"母爱伟大"了,这更像是一种道德绑架,也会让还没有对孩子产生爱的母亲感到羞愧,这种情绪对自己和孩子都是一种精神毒气。

希望所有母亲明白,母爱跟其他任何形式的爱一样,都需要你先爱自己,然后再给予他人。请正视自己的内心,接纳自己的情绪,然后积极地和孩子互动,慢慢地爱上他吧。

68. 母亲真的快乐吗

当有一天,生育对于女性而言只是人生选项,而不需要当作婚姻的"投名状"时,成为母亲才会让女性感到快乐。

当有一天,母体能得到真正的人身安全保障,她生育子女无后顾之忧,也不会因为经济问题让孩子成为捆绑自己的枷锁时,成为母亲才会让女性感到快乐。

当有一天,各种福利能保障生育不会让女性的人生陷入被动,不会被剥夺社会竞争力,成为母亲才会让女性感到快乐。

当有一天,家庭劳务、育儿劳动能得到真金白银的回报,而不是用一句"母爱伟大"来支付,成为母亲才会让女性感到快乐。

在这些实现之前,我无法想象她们真的快乐。

69.
穷人的孩子更需要顽强的生命力

对于穷人来说,没有什么比投资孩子更划算的事了。只要给口饭吃,十六七岁就能出去挣钱,长大了还能给自己养老。哪怕不是穷人,大多数人的主要生育动机也是各种形式的"养儿防老"。

如果是坦荡、公平的交易倒也没有那么多痛苦,但穷人养孩子注定不会有太多投入,却又渴望获取最大的回报,于是从小就给孩子灌输"我养你受了多少的罪"的思想,甚至在生活中以种种自虐式的方式来激发孩子内心的愧疚感。哪怕再理性、再聪明的孩子,在这样摧残人性的养育过程中,要么变成丧失生存能力、言听计从的傀儡,要么变得跟父母一样麻木不仁。

在这种环境中长大的穷孩子,请学会自救。你无法选择自己的父母和出身,但成年后你就对自己的人生有了选择权,可以掌握自己的命运。你可以不被他们的眼泪和谩骂威逼利诱、道德绑架;你可以不用牺牲,按照自己想要的活法生活。这条路尤其艰难,但是只要你的生命力足够顽强,有勇气看透那些用谎言包裹着的假象,坚定地重塑信念,你就会越走越快,越走越远。

70. 爱和溺爱的区别

爱是平等的，溺爱是有等级的。爱是平行流动的，溺爱是俯视单向的。

爱有很多种，亲情、爱情、友情，还有从自然、信仰里感受到的爱。不同人种、不同文化里，爱的表达方式也有很多种，但是爱给人带去的能量却相似——人在爱的滋养下，会越来越自信勇敢，越来越感到快乐，越来越能够在生活中独当一面。爱会在人的内心点燃一束小小的火苗，让人无论处在人生的哪个阶段，都能感到温暖。

而溺爱是亲子关系或其他权利不对等的关系里的自我满足，是由控制欲和养成欲滋生的情感，跟养宠物的心理类似——我供你吃喝，你就得听话。溺爱的一方在这种形式的互动中获得快乐，获得被需要和被认可的满足感。这些父母普遍以孩子为生活重心，把孩子当作精神寄托，当作排遣单调生活的工具。从某种意义上来说，他们是养育了一个自己精神上的"父母"，从孩子身上吸食在父母那里没有得到过的关心、重视和爱。那些溺爱孩子的父母一直认为是孩子离不开自己，其实恰恰相反。

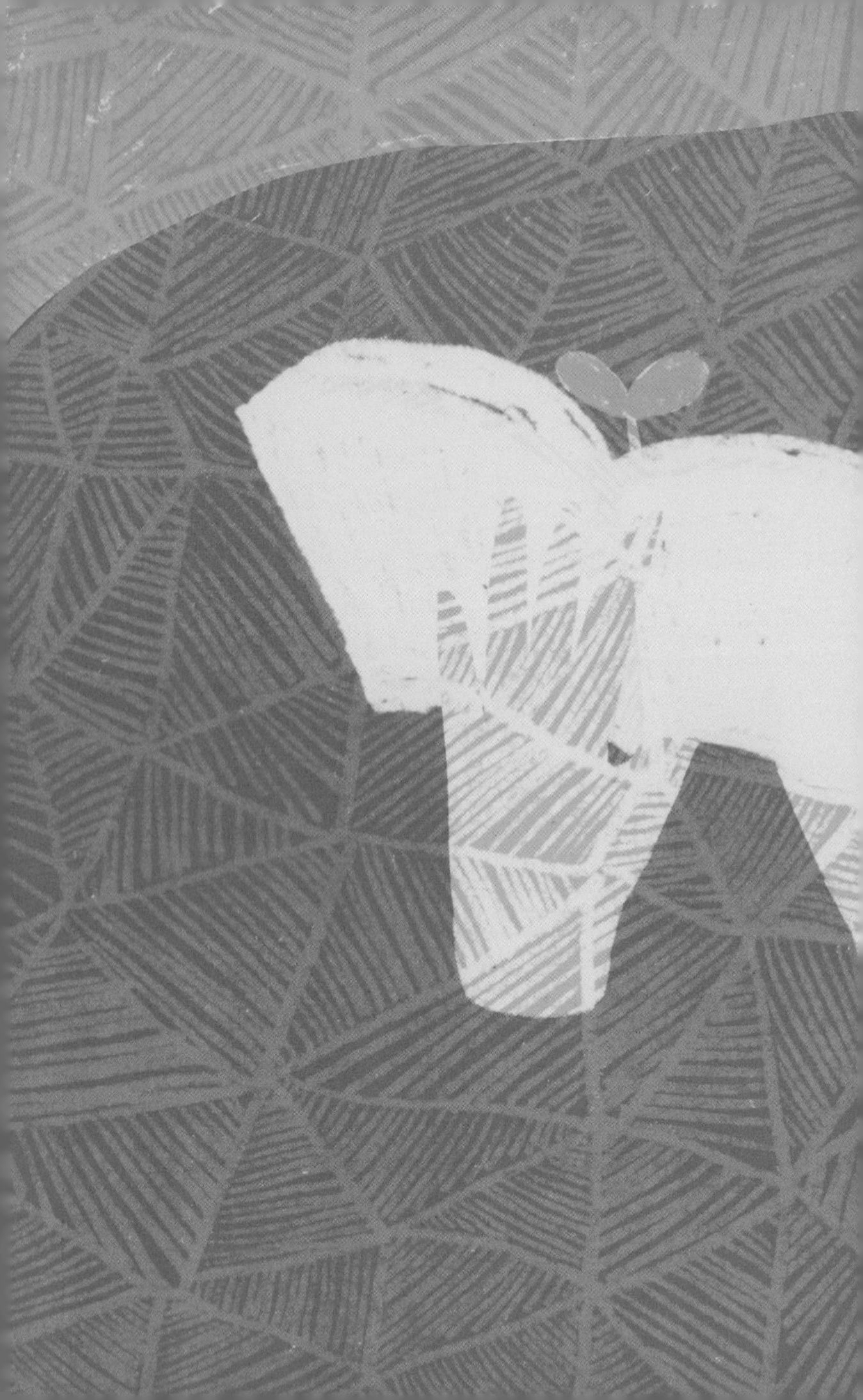

IV
自我与他者

你没有观众,放心做自己

71.

性教育、爱的教育和死亡教育

性教育能够让人更加清晰地感知自己的身体,更好地掌控自己的身体,明白自身的完整性。

爱的教育会让人的灵魂丰沛,蜕变成一个真正意义上灵动鲜活的生命。

死亡教育能够让人明白生命的价值所在,该怎样向死而生,怎样更好地活着。

当一个人身体完整、灵魂丰沛、生命有价值时,他自然会懂得爱自己,爱他人,懂得创造美好和承担责任。

72.
让自己的愤怒有意义

比起愤怒本身,更重要的是你愤怒后做了什么。

如果你能把愤怒转化为强大自身和积极改变的力量,愤怒就是能量。但如果在你愤怒后只有怨言而不做出任何改变,就很容易变成一种通过虚张声势来回避自身弱小、逃避建设生活的人。这类人之所以尽可能地把目光投向远方,是因为这样就能不看向自己。

想让你的愤怒变得有意义,想要把事物往你认为美好的、理想的方向推动,请先对自己负责——去强壮体魄,努力学习;去积极尝试,在自己可控的范围内把生命丰富起来;去探索内心,不断挖掘自己的潜能。先把自己活成你能达到的最强版本,在未来你才会拥有真正改变一些事情的力量。

保持愤怒的同时要保持进步。

73.
优秀没有标准定义

"优秀"没有标准。

每个人对"优秀"的定义都是不一样的,比如长相好、成绩好、工作好、能赚钱……但这些只是主流价值观下的优秀,不是你定义的优秀。

就我个人来说,我认为优秀就是,专注于某个领域,把一件事做到极致并能从中得到快乐。哪怕一个人只是广场舞跳得比别人好,如果他能从中得到快乐,在我看来他也是一个优秀的人。生活中我会被这样的人深深吸引,我喜欢每一个快乐的、认真生活的人。

一个优秀的人必然是自信的人,他是自己的质检员,他对自我的评判标准永远只来源于自己的内心,来源于他自身的价值观,而不是外界。

74.
婚姻越不幸的人,越喜欢催婚

幸福的已婚女人,大多不会催他人结婚生子。正因为幸福,她们才知道经营良好的两性关系、做一个负责任的母亲有多艰难,需要多大的耐心、包容、牺牲和爱。她们知道劝一个不具备这些能力的女人结婚生育就是把人推进火坑,是在害人。

相反,很多婚姻经营失败的女人却没有这些意识。正因为她们婚姻不幸,被琐碎的生活磨去了棱角,变得麻木不仁,没有边界感,才会一边抱怨,一边劝人结婚,在反问他人"为什么不结婚"时不觉得有任何冒犯,也没有任何思想负担。

75.
不要落入"普女"标签的圈套

当一些心怀不轨的人意识到制造焦虑已经绑架不了那些独立清醒的女性时,就开始把矛头转向那些刚走上社会,还处于迷茫彷徨阶段的女孩,给她们贴上"普女"的标签,向她们灌输:"你不如其他女性优秀""你没有能力对抗生活""你配不上更好的""你的人生就这样了"……这就是PUA(Pick-up Artist,意为"精神控制")。

如果有人给你贴上了类似的标签,你要做的就是看透"PUA"背后的本质,保持清醒,把它扔进垃圾桶,努力变成他们绑架不到的人,而不是在恐惧的驱使下,慌不择路地去做那些独立女性都不敢轻易尝试的风险极大的事。

76.
婚姻不是逃避孤独的方式

孤独是一种心理状态,而不是生活形式,它并不会因为一个人生活形式的改变而消失。

因为害怕孤独所以匆忙结婚生子的人,也许婚后的日常琐事确实能改变其单身时茫然无事的状态,被动赋予的人生"意义"也能暂时填充生活空隙,但那些没有解决的人生问题不会凭空消失,只会在前方静静地等待。当新生活的帷幕渐渐拉开,生活的真相逐步展现,你会发现越逃避,你害怕的生活就会越快地出现在你眼前,单身时的问题叠加婚后出现的新问题,只会让你的人生更加复杂和沉重。这时你不仅会感到孤独,还会感到绝望。

没有长好的果子都是苦涩的,人生也是一样。婚姻意味着责任,需要一个人经历成长,蜕变成一个完整的、心智成熟的人来经营,如果你还不够强大,却幻想婚姻是供自己逃避的港湾,那么摔跤则是必然。

警惕新"贞节牌坊"

一些受教育程度良好、有不错收入的城市女性,也很难避免掉进一个针对现代女性打造的新"贞节牌坊"的陷阱里。这个陷阱就是"独立女性"标签。

在受教育、就业环境、薪资水平、婚姻制度、家庭劳务等各种社会权利还没有真正实现男女平等的现状下,一些人试图把一顶"独立女性"的帽子扣在女性头上,开始要求经济上的绝对平等,这可真是"平等"啊!可悲的是,很多女性哪怕受过高等教育,也一样有自证情结,时时处处想要彰显自己的"独立",生怕自己多花别人的一分钱就失去了新时代女性的标签。

真正的独立,是能独立思考、独立自主,是自己制定生活里的规则,而不是被他人的定义支配、按照他人期待的方式生活。能被支配,有自证情结,恰恰说明还没成为真正的"独立女性"。

当然,我们仍然要学会付出和分享,但需要以自己内心的舒适为前提,尊重自己内心的感受,不必在意是否成为别人口中完美的那类人。总而言之,警惕口惠而实不至的剥削行为,远离"不独立女性"的羞辱,远离道德绑架。

78. 警惕弱者驯化

在类似"乖""温顺""小鸟依人"话术的洗脑下,在"白幼瘦"审美的驱动下,很多女性会不自觉地往身心俱弱的方向靠拢,以为"弱"可以激发别人的保护欲,行为上示弱就能在两性关系中获得更大的利益。但生命的美在于生命力,生命力以舒展和强大为发展根本。基因的优胜劣汰是生命的底层代码,本质上任何形式的"求弱"行为都是在违反自然规律逆天而行。

恃强凌弱是动物的天性,弱者只会被践踏,人这种高级动物也不例外。如果你在一个弱肉强食的环境里以弱为荣,这就跟一只小白兔在森林里大喊"来吃我啊,来吃我啊"没什么区别。在两性关系中,那些向你抛出"弱者能得到更多爱和利益"的诱饵的人,是为了通过让你变"弱"来降低你的抵抗力,类似投放精神捕兽夹,是为了方便他们自己狩猎,提高捕获率。

你想活得有尊严,想得到尊重和爱,想人生路上遇到更多优质的同路人,就要抛开弱者思维,让自己努力成为一个强者。当然,你也不必跟别人比强弱,只要专注于变成更好、更强的自己就可以了。

79.
时间才真正值"钱"

情人节和一年中其他日子并无不同,只是因为人赋予了这天不同寻常的意义才显得与其他日子不同,钱也只不过是为了解放以物易物,方便流通而发明的一种结算工具。

钱那张纸本身并无多少价值,人类社会指定用它来交易劳动成果才使它变得有价值。钱买的是劳动时间内创造的劳动成果,所以值钱的不是钱本身,而是人类创造的劳动价值。

所以,如果人想拥有更多的钱,在有限的生命里创造更大的个人价值,就必须努力,也可把此作为你的目的。世上最有钱的人真正支配和占有的,正是他人的时间。

80.
做发自内心的选择

古人说"穷则独善其身,达则兼济天下",如果你还停留在纠结温饱的阶段,就把自己的一亩三分地照顾好,找到自己的生活节奏,去发掘一些生活中的小乐趣。

可惜大多数人精神贫瘠,看不到更大的世界,很容易被洪流裹挟。这世上真正有"好处"的事,是不会人人皆知的。所以当有舆论推动或诱导你去做一件事时,你需要提高警惕。

在做任何艰难的选择前,扪心自问这是你发自内心想做的,还是迫于各种压力、舆论、恐惧下的被动选择。一个人只要在一生的关键节点能够坚持本心,拿出勇气,基本上就不会随波逐流,也不会被洪流裹挟而迷失在不断向下翻涌的浪潮中。

81.
人生就是痛痛快快打一场游戏

如果人生是一台电脑,无论你过去是什么系统,都要有格式化的勇气,不要害怕从头再来。要找到这一生你最想玩的游戏,学会在游戏中和他人合作,承担责任,努力成为打得最好的人,并且积极地邀请同路人,痛快地体验,勇敢地创造。

虽然很多人必将被时代遗忘,但你的经历和体验,你在游戏中和他人建立的情感,你失败时的落寞、征服时的欢乐,这一路感受到的爱和被爱,是真实且永恒的。

82.
四肢发达,头脑发达

一个许久以来的误区偏见是,"四肢发达,头脑简单"。事实上,我从来没有见过真正热爱某项运动、勇于尝试各种体育锻炼、肌肉协调能力强的人是"头脑简单"的,他们的大脑往往比其他人更发达,生命更有韧性,更容易成功。

我曾得到过的最好教育,就是小时候像野人一样爬树、爬山、钻山洞、在河里游泳,甚至光脚跟小伙伴在田野里追逐狂奔……这让我的天性在运动中得到了释放,如今存在于我性格中的乐观、坚韧、勇敢以及对生活的观察力、对事物的反应力,无不受益于我童年这段自由、动态、野蛮的成长经历。

而那些在父母的管束下,什么都不能做的孩子,会丧失对世界、对生活的一部分好奇心和探索欲。他们从学校毕业就停止了学习,走上社会后也不敢尝试任何有风险的事,从此自卑和胆怯被深深地刻在了身体里。

83.
不断扩大生活容器

在人生起步阶段，你的生活容器只是一个杯子，一滴墨水就可以让你的生活变得浑浊，一点小困扰就可以让你整个人陷入情绪的泥潭。这并不意味着这滴墨水的污染能力有多强大，让你备受困扰的问题有多严重，而是因为你目前的生活容器太狭小了，你当下的能力和认知还无法支撑你处理这些问题。

童年和同学起冲突、被好朋友背弃之类曾困扰你、令你无比在意的事，现在回想起来是不是觉得特别可笑？你现在经历的一些事也只不过是在重复童年的那一幕，等三五年后再回头看看今天，那些让你觉得天都要塌下来的事，也只不过是生活中的一个小插曲，回味时也同样会笑出来。

每个人都是这样成长的，无论你当下在经历怎样的压力和痛苦，这些问题都会随着你生活容器的不断扩大、稀释能力的不断增强迎刃而解。关键在于，你永远不能停下开拓生活容器的双手。

84.
人不会爱上没有选择时做出的决定

人只有在有选择的时候,才能发挥自己的主观能动性。

有十种饮料可以选择时,你留下的那一瓶有可能是最爱喝的;有三份工作供你选择时,你选中的有可能是你自己最喜欢的;在拥有可婚可不婚的选择后依然结婚,你会对婚姻负起责任;在可生可不生的背景下,你选择生孩子,育儿于你而言可能成为乐趣,所以会心甘情愿付出。

社会的责任之一就是打造出一个能让年轻人拥有各种可能、各种选择的环境。没有选择时做出的决定不会是人们真正想要的,那大多是焦虑、恐惧驱使的结果,这一结果又会引发恶性循环。人们在"没有选择"的背景下迫于现实接受一种不想要的生活,再以反抗这种不想要的生活为目标,一生反复煎熬、纠结、愤怒、痛苦、妥协,直到麻木,这根本不叫生活。

85.
不孕不育不是耻辱

常有人用"不下蛋的母鸡"来羞辱无法生育的女人,我很不解,"不孕"难道有什么可耻吗?卵巢和子宫都是身体器官,跟心肝肺脾肾没有本质区别,难道我们可以随意辱骂一个做了心脏支架的人"不搏""不跳"吗?即便你真的骂了,他也只会感到莫名其妙或者愤怒,但绝不会有羞耻感,因为他从来没有被灌输过"心脏衰竭是一种耻辱"这种信息,从没有接受过这种驯化。

我们都知道,只要是身体的器官和组织,就有能用和不能用的区别,每个器官都有衰竭的可能。身体里的每一根骨头、神经、韧带都有可能丧失功能,那我们会为半月板积水而感到羞耻吗?

只有人生价值还停留在生存繁衍阶段的人,才会把生育价值抬得过高,才会用"不孕不育"羞辱别人。所以,请不要因为丧失了某种身体机能就感到羞耻。

86.
酣畅淋漓地活出自我

很多人问，网络上那么多人骂我，我是怎么做到不受影响的？

我不受影响，是因为我对自己的价值判断只来源于我自己，而非外界，外界的声音无论是赞誉是谩骂，都不会影响我对自己的看法。我知道我是谁。

想要如此，首先要坚定勇敢地切断一切让你感到困扰的人际关系，包括你和原生家庭。完成这一步，你会夺回生命的主动权，人生就会豁然开朗，生命会重新洗牌，生命能量重新聚拢。你开始有勇气说"不"，开始懂得拒绝，开始懂得捍卫自己的领地时，会对自身生命有把控感，自然会考虑前方的路，同时思考关于生命的种种问题。当你成为生命的主人时，生活乐趣就会显现。

我一路开着生命的拖拉机，蹚着泥水横冲直撞、酣畅淋漓地活过来，我清楚地知道自己要走怎样的路，要成为怎样的人，我不活在任何人的嘴中、眼中。当一个人不再渴求外界的认可，那么来自外界的诋毁自然也就无法击中他。

87.
学会不求回报地赠予

如果一个人付出是为了享受给予的快乐,是为了看到接受者露出的笑容,便不会期待他人的回馈。他在付出的那一刻就已经获得了自己想要的东西,此后的"回报"都是额外的惊喜,并不在期待之中。就如同我们爱一个人是因为我们有爱人的能力,喜欢爱着他人时的自己,享受爱人的快乐。

当我们学会不求回报地赠予之后,以己推人,面对他人真诚的赠予时,除了认真表达感谢外,便不该有任何心理负担和愧疚感。

希望你能够享受给予的快乐,不要过分期待回馈,这种心态往往会给你带来失望和怨恨。一个有能力给予的人是幸福的,要学会感受这种自身丰盈的状态。而对于那些接受他人赠予的人,也请带着喜悦,学会发自内心地表达感谢。

88.

针对女性的"利益"羞辱

为什么有一部分女性会对追逐金钱、权力、名利充满羞耻感？因为"好女人"的框架存在了千百年，"好女人"的标准也早就被限定了。正如波伏娃所说，女人是被打造的第二性，女人不是天生的。

古时开始，女性就被刻意打造成需要"不食人间烟火、纯洁无瑕、不谙世事、以懵懂单纯为美"的形象，她们被灌输"争名夺利是丑的、肮脏的，是利欲熏心"的意识。只要她们被这种意识支配，就会把自己往"好女人"的框架里套，从而成为"好女人"，不争不抢、逆来顺受，羞于谈钱、谈利益，只会一边委屈抹泪一边等着既得利益者"大发善心"的施舍。

耻感驯化的目的，不过是希望你不要成为竞争者而已。

89.
没有哪个人的人生不叫人生

你所看到的这个世界只不过是比你早出生的人建立的,你出生后学习的思想、概念、生活方式也是他们从前人那里延续的,但这些只是前人的生活体验,并不是真理。你可以借鉴他们的经验,也可以完全推翻,重新洗牌,制定自己的游戏规则。

你不存在,世界就不存在。

你是自己生命的主宰,你可以选择自己想要的活法。这世上没有哪种生活不叫生活,也没有哪个人的人生不叫人生。

精神断奶记

you can be whatever you want to be

过去的人生
教会我们什么

you can be whatever
you want to be

1. 要有大局观

很多人看到"大局观"三个字可能心里不太舒服，因为这三个字通常是要求你牺牲、道德绑架时用的。你需要从自身利益出发，尽可能地看清自己身处环境的"大局"。

如果你正乘坐一艘船，作为船上的乘客，尤其是底层客房里的乘客，要是只沉迷于眼前的风景，觉得一家人在十几平方米的房间里有吃有喝就足够了，意识不到所有人的命运都系在这艘船上，也从未有意识地去了解这艘船的性能、构造、前进方向、管理模式等，你就无法构建"大局观"。你应该对上述一切，包括天气、海上的其他船只都有基本的了解，这样才能明了自己在其中的位置。只有确定自身坐标，你才能计算、丈量身边的万物，才能把握行事的尺度。

很多人对大环境里正在发生的事所知不多，一个守着一亩三分地、只看着自己眼前事物的人是非常愚蠢且危险的，因为船不会为任何个体改变航向，只能个体去适应。适应就表示你需要先了解、观察、思考这个世界，需要有足够的判断力。

具备了这些能力，你在面对人生重大抉择时就不会只关注自己眼前的需要，而是能以一个更大的视野去综合考量。

2. 学会储蓄

很多年轻人被消费主义洗脑。为了让你陷入消费主义的陷阱，他们会先告诉你：这是生活的必需品，拥有了这个就是成功人，你就高人一等；你没有你就是失败者，就是社会边缘人士。

许多"996"的职场人如同螺丝工，把每天工作十几个小时换的钱拿去买各种商品，余生就活在为各个商品厂家老板打工的"福利"中。

如果你一直处于为生活奔波的状态，生命便不会有任何发展，也不会有太多美好体验。所以请学会识别各种消费主义陷阱，警惕各方的忽悠，年轻时多储蓄，多学习，把钱花在开拓认知和有意义的兴趣爱好上，比如行千里路，读万卷书，沉下心积累，而不是把钱花在根本不是必需品的各种商品上。

3. 把健康放在第一位

外部环境不受个体控制，我们能做的就是尽量保持身体健康，那么第一步就是要切断一切有可能损害精神和身体健康的致病源。大多数人会陷入一个误区,以为"健康"只需要专注身体就可以了,比如,吃得营养一点,多锻炼身体。并不止如此,一个机体健康的人,必然要先做到精神健康。

精神是身体的支柱,精神痛苦身体就会跟着疼痛。那些精神长期压抑、郁郁寡欢的人,患上癌症的概率远比情绪稳定的人要高得多。糟糕的精神状态诱发身体疾病,身体疾病加重糟糕的精神状态,很多人就在这样恶性循环的泥潭中越陷越深。

一些已婚女性挣脱不了糟糕的婚姻,是因为她们不仅仅精神上弱,身体上更弱。很多男性在家庭内对妻子的霸凌就是从妻子怀孕生产后开始的,因为这是她精神和生理最弱的时候。女性要警惕有可能成为你致病源的人,及时止损,任何时候都要远离一切让你不快乐的人和事。谁使你情绪糟糕,谁就是在损害你的健康,损害你行走世界的资本,这个人就是你的敌人。这世上没有哪个人值得你损耗自己的身体或是用健康去交换和他的关系,没有任何一个人值得!

疾病带来的痛苦是真切的,会实实在在地影响你的生活质量,外部环境越不理想,你越会发现最后能依靠的只有你自己和健康的身体。

4. 为自己争取更多选择权

当初我从农村来到上海,就是为了寻找另外一条活路,当我打通了这条路之后我就有了两个选择:待在上海和回老家。

人为什么要奋力实现自我?是为了人生能够获得更加丰富的体验,收获精神上的满足,在现实生活中拥有更多的选择权。当你的手上有选择时,才能按照自己的意愿生活,才能活得有尊严。生活在"船上",很多事情不受个人控制,遇到风浪转一个弯你就有被甩出去的可能。所以,请踏踏实实地多学一些东西,多掌握一点技能,好好想想怎么给自己多谋几条出路。世界这么大,不要受困于自己的头脑和双脚。

5. 学会给人生减负

孔子在《论语·泰伯》中说:天下有道则见,无道则隐。意思是如果觉得世道艰难,那就考虑归隐。现代社会下的归隐不是住到深山老林里,而是要学会给生活减负,学会取舍,把自己从各种无益的活动中抽离出来;谨慎添加一切额外负重,不要无端地给自己增加枷锁,保持最低损耗才是利益最大化的活法。越是逆境,越要懂得独处和舍弃,懂得倾听自己的内心。

6. 保持良好心态

对于生活中不可控的事,我们能做的就是把自己从中拎出来,以旁观者的角度观察自己的情绪流动,去接纳或体验它,而不是对抗或沉溺其中,然后积极改变自己可改变的部分。比如,你可以开始一项运动,学一门语言,或其他任何你想学的东西。如果你看过《人类简史》,就会知道智人出现在地球上三十几万年,上演的戏码基本大同小异,无非是一场场利欲熏心的权利角逐,或一次次充满悲欢的相遇别离,但一切都会过去,生命终有尽头。作为历史长河中某个时间点上一个微不足道的人,不妨抱着游戏的心态活在当下,尽可能多做一些自己喜欢的事就足够了。

7. 远离"危墙"

有人做过一个试验,把几十只小白鼠放在一个很大的箱子里,箱子里有吃、有喝、有玩具,小白鼠很开心,繁殖很快。后来试验者把吃喝减少,箱子缩小,食物短缺加上生存空间变小，雌性小白鼠渐渐不再发情，雄性小白鼠也越来越烦躁，攻击性越来越强。最后食物进一步减少，空间进一步缩小，这时体格大的小白鼠就开始撕咬小的小白鼠……

讲述这个试验是想要说明，当生存环境不理想、生存压力越来越大时，最先牺牲的肯定是弱者。作为两性里的弱势群体，女性更要有清晰的大局观，明确自己的处境，学会独立思考，学会分辨哪些选择可能是"危墙"。记住，"君子不立危墙之下"。

8. 珍惜当下

想做的事马上就做，想去的地方马上就去。

我们总以为自己有很多时间，活在无数个"到那时就好了"的幻想中，总以为人生可以等待。其实不然，你当下没有做的事，以后绝大部分时间也永远都不会再做，即使以后想做，也根本不是现在的感受了。生活有太多不确定，禁不起等待，一个人的生命只有大约三万天，所以请你勇敢地、百无禁忌地、尽情地活出自己，去做自己想做的事。

新手入社会指南

you can be whatever
you want to be

1. 经得起诱惑

当你刚离开家庭或校园时，面对社会这个万花筒可能会被迷了眼。回想你小时候第一次去赶集或逛商店，是不是看到什么都想玩一玩，好奇心加上缺乏分辨能力，就很容易被"猎人"捕捉。裸贷、信用卡诈骗、杀猪盘、误吸违禁品甚至被诱导犯罪等现象在二十出头的年轻人当中出现的比例非常高。年轻时的渴望、贪念、虚荣就像夜晚穿在身上的夜光服，猎人远远地就能看到。除非你经历过生活的锤打，不然你很难明白，这世上一切值得追求的东西只能依靠自己的双手去争取，"天上不会掉馅饼"这句话是真理。

年轻时因缺乏判断力而做出的错误选择，有些是可以承受和弥补的，但某些会"一失足成千古恨"，不要抱有任何投机心理去走捷径，否则终点必然是陷阱。一个人在贫弱时不病急乱投医，不抱贪念和侥幸心理，这辈子会避开很多坑。

2. 警惕消费主义

既得利益者通过种种宣传手段来制造焦虑，刺激你的欲望，从而把产品卖给你。比如，通过打造女性的容貌焦虑养活了一家又一家整容医院、玻尿酸厂家。大到房子，小到鞋子，消费主义的侵蚀无处不在，他们诱导年轻人借贷消费，让男孩子压榨父母，女孩子压榨男人，让人们像机器一样不停地运转，无暇顾及其他。

我们要警惕被消费主义裹挟，放下攀比心，把钱花在培养兴趣爱好、学习知识技能，花在真正让自己感到快乐的事物上，而不是浪费在满足别人的期待上。

3. 不要停止学习

警惕被消费主义裹挟只是防止被动受损，真正能让你主动变得强大与进步的，永远是学习。

此处所说的学习不局限于课本上的知识，一切你过去不懂的事都值得学习，你要抱着对生活的好奇心，用自己的双眼观察，用大脑思考，尽可能地把脑子里产生的疑问搞清楚。比如，星星是怎么形成的？人为什么会沮丧？为什么网上那么多人歇斯底里地骂人？你要养成阅读的习惯，阅读能让你快速摆脱愚昧。

总之，只要你想追根溯源，你脑中的每个疑问背后都有海洋一样广阔的知识库等待你挖掘。出生在网络十分发达的时代，无论你是想学习技能或手艺，还是想拓宽知识面，或只是为了丰富精神世界，学习资源都随手可得。

学习的过程也是锻炼能力的过程，一个人的学习能力就等于生存能力。那些至死在社会底层苦苦挣扎的人的共性就是他们从不学习。

在人生的种子刚撒下去、埋在土里、等待发芽的阶段，沉下心去学习，把根系扎进土壤深处积蓄力量。如果你在刚走上社会的时候能做到少玩手机，主动学习，早睡早起，健康地吃一日三餐，再适量运动，就已经超过百分之九十的同龄人了。

4. 学会拒绝

多数人身上有个显著的性格特征——无法对他人说"不"。

很多人一生都不敢站起来说出自己真实的声音。不少家长在孩子面前毫无掩饰地发泄情绪，就是因为他们在外面唯唯诺诺，不敢对外人讲一句硬话，孩子是唯一能给他们提供"强者体验"的对象。越是懦弱的人，拳头就越会挥向更弱的群体，比如女人，比如孩子。

想变成强者，首先要学会捍卫自己内心真实的声音，这是自爱的第一步。但在你刚走上社会的时候，想完成这一步非常难，因为你本能地想要顺从群体来降低生存难度，也会有各种担忧和恐惧，比如，会怕被排挤，怕遭到报复，怕失去眼前的机会。

强者永远是少数，是因为很少有人能通过这些考验。坚持做自己的好处是，即使你一时陷入迷茫和自我怀疑，但时间会逐渐筛选出你真正想要做的事，真正适合你的环境，真正想要留在你生活里的爱你的人，他们都是生活对你勇敢的奖赏。

5. 识破以爱之名的掠夺

最后一条建议是说给女性朋友的，因为大多数女性都曾不幸地掉进过同一个坑里。

人的本性之一是自私利己，会为了自己的生存争夺资源。希望女性都能清楚地明白，在有些人眼里，女性就是被掠夺的资源之一。

很多女孩在刚走上社会时，很容易被"以爱之名"的哄骗蒙蔽双眼，成为被掠夺资源的群体。因为弱，因为穷，因为靠自己努力在社会上摸爬滚打很困难，因为没有在原生家庭里得到善待，这时候一个肩膀，一碗递过来的热汤面，一点小恩小惠都会让她们轻易沦陷。希望这些姑娘能明白，在你一无所有时愿意跟你在一起的人不会是"白马王子"。他们大多是看中了你自带的性、生育和劳务这三样价值。

人生没有捷径，如何靠自己也能够独立地活下去是女性这一生都需要不断学习的课题。

女孩防骗提示

you can be whatever
you want to be

1. 建立认知

女孩防骗防拐的第一步是从思想上建立正确认知。你要知道为什么女性会更容易遭遇不安全事件。

因为身为女性天生自带资源——性和生育。

绝大多数针对女性的犯罪行为都围绕着这两个资源，那些以"爱"之名的花言巧语、PUA、胁迫等行为也都是针对这两个资源的争夺。

一个人想要以最低成本得到一件东西，最不希望的就是让别人也知道其真正的价值。那些对女性思维方式进行塑造与束缚，通过打压、贬低来制造女性焦虑，甚至剥夺女性各种公平权利的行为，都无外乎是想以低成本从女性身上获取性和生育。如果你因此对自己产生了怀疑和恐慌，那正好落入对方的圈套，不知不觉将自己"贱卖"。

很多女性丝毫意识不到自身的珍贵，不知道自己与生俱来的资源被多少人觊觎，不能觉察自身的危险处境会大大增加陷入危险的概率。除了未成年，被拐骗的女孩大多集中在二十岁左右，尤其是刚从农村走入社会的女性，要更加提高警惕。她们有着年轻的身体和空乏的大脑，对真实的人性、残酷的社会一无所知。她们毫无防备心，又因成长过程中物质和精神生活的匮乏,对他人的一点示好就感激涕零,对外界的诱惑也没有分辨力和抵抗力,这样的女孩最容易被猎人捕获。

当你意识到自己天生珍贵,就要在生活中全面加强防范心理,放弃对他人的幻想和贪念。当你又穷又弱时,必然会加剧贪念,想走捷径,这就是人性。那些对此已经洞察的人则会利用这一心理来操纵和伤害你。

女孩在三十岁之前不要总想着收获,这个阶段最主要的任务是学习、积累和实践,应当警惕自身的资源被占有、掠夺、收割。就像做生意一样,先以保本为主,等你的思想认知提升后再去考虑收益。

2. 基础防范

女孩子请尽量不理陌生人的搭讪,晚上尽量避免独自出行,少走偏僻的路,不吃、不喝离开过自己视线范围的饮食,不对陌生妇女儿童的求助放下戒心,对他人的求助只指路、不带路,等等。

如果有选择的余地,要尽可能去大城市生活。经济发达的地方相对文明,治安也相对更好,哪个地方相对发达，哪个地方就更适合女性生活。

3. 强身健体

提到这一点，会有很多人给你泼冷水，说女性不管怎么锻炼都不可能打得过男性。面对这种言论，我们要摆正心态。女性锻炼身体不是为了跟男性打架，而是为了在危险的境况下，不至于因为没有受过任何相关训练而恐惧到身体僵直，连一点反抗的机会都没有。强大的体能可以让你在性命攸关之时争取到多一丝的生存机会。

如果一个女性刻意追求"白幼瘦"，就是在自己剪掉精神上的"指甲"、拔掉精神上的"牙齿"。可以想象一下，如果在野外遇到一头恶狼，你会乖乖等着被吃掉吗？不，你肯定会殊死一搏。那么请问，为什么你遇到了一个有可能给自己生命带来危险的人，就先从精神上放弃搏斗，觉得自己肯定打不过而束手就擒了呢？你需要思考，这很可能源于偏见观念对你的驯化和打压，也许你根本没有自己想象的那么弱。

4. 随身携带防身器具

女孩们出门可以随身携带防身器具，钢笔、圆珠笔或者用小瓶子装一点辣椒水都可以。遇到危险的时候,不要害怕,拿出来保护自己。当然,如果能跑,边跑边大声呼救永远都是上策。

总的来说,以上都是治标不治本的无奈之举,真正的解决办法是严厉打击拐卖妇女儿童的犯罪行为,营造更加安全的社会环境。只有能够保障妇女儿童安全的社会,才有未来。

给年轻女孩的枕边话

you can be whatever
you want to be

那些靠近你、追求你的男人，可能大多数在一开始都是为了性。这并不可耻，我们要认识、接纳这个事实。"爱"是在此基础上的上层建筑，是需要时间相处、了解、磨合后扶级而上的高级情感。"一见钟情"往往只是荷尔蒙作用下的"一见钟性"。没有人认识你三天就非你不可，性和爱本质上是两件完全不同的事。

一些男性会通过约会试探触碰你的身体，以此来推动性行为的发生。面对这种情况，很多女性在原生家庭和社会文化的规训下，在懦弱性格叠加性羞耻感的沉重压迫下不敢反抗。如果你没有反抗的能力，就不要创造两人独处的环境，选择公共场所去约会，如果过程中对方的言行让你感到不适，就立即离开。

两性关系的基础就是彼此尊重，如果对方明知道你内心不情愿，还软硬兼施地逼迫你就范，允许这种人在你的生命里多停留一秒，都是对自己的亵渎。

女性的妇科疾病大部分都与不洁性行为有关，很多慢性妇科疾病非常痛苦，所以请为自己的健康负责，远离卫生状况糟糕、在非备孕阶段不戴安全套的男性。安全套不仅能在很大程度上防止女性受孕，更能防止各种病毒和细菌的侵袭。

请学着摒弃内心的羞耻感，随身携带安全套，把保护自身的责任和工具都放在自己手上，而不是总以被动的姿态，要求他人对你负责。

要知道他人对你的精神支配是从支配你的身体开始的。你的身体属于自己，要学会探索它，无需对自慰产生羞耻感，记住，一切禁忌都是为了控制。女性能够从性羞耻的束缚中解脱出来，精神成长之路就会逐渐展开，生命力量也会渐渐凝聚。

另外，请警惕打着"恋爱"名义骗钱的男性。他们的付出基本都停留在口头上，把真实意图通过玩笑或其他方式暗示给你。这当中很多人看起来"事业有成""条件很好"，很容易让人陷入这些标签的陷阱里，所以你要学会观察一个人，当他的行为让你不适、感到被占便宜时，请相信自己内心的感受。

女性相亲须知

you can be whatever
you want to be

相亲对大部分女性来说,大概率是一件浪费时间、消耗精力且很难有愉悦体验的事。所有女孩在决定相亲前,请先明确以下几点认知。

1. 雄性动物的繁衍策略

雄性的繁衍策略是将自己的生殖细胞注入雌性体内,让雌性帮助繁殖后代,它们绝大部分不承担怀孕和养育后代的责任,这在人类社会叫"丧偶式育儿"。

地球上大概只有5%的哺乳动物和一些鸟类会共同育儿,绝大部分雄性动物都是交配完就不见踪影。由于自身不参与养育,也就无法确定后代的存活率,所以为了延续基因,雄性就会实施"广播种"策略,即尽可能多地与雌性交配。

在这种繁衍策略的支配下,雄性本质上是"机会主义者",无论是哪只,只要求偶成功就是胜利。

2. 女性的生存环境

不能否认的是,当下的社会仍然是男性掌握绝大部分话语权,从古代开始的对女性权利的限制和思想的驯化并未消失。如今女性就业仍相对艰难,很多人还在利用"大龄剩女"等标签来制造焦虑,把女性往婚育的路上驱赶。

如果你出身农村,经常会看到这样一幕:到了适婚年龄却仍然单身的男性,只要穿上百来元的西装,给媒婆塞个红包,到女方家上一圈烟,然后只需要坐在角落里一声不吭,就有十几个人在替他求偶,夸得他天上有地下无,甚至这个求偶团的头目十有八九就是女孩的父母。

所以在相亲过程中,一些"聪明"的男性会从侧面打探对方的父母着不着急、催不催婚。思想传统封建的父母,就是把女儿推向婚育的最主要力量之一。

女孩为什么要谨慎选择去相亲?原因就是生活中哪怕只有一点长处的男性,但凡能在身边找到一个愿意的,他也不会等到相亲。

3. 男女对相亲的理解差异

女孩尽量不要相亲的理由还有一个,就是男女对相亲这种形式本质上有不同理解。

女性普遍把相亲看作一个结识更多异性的渠道,认为相亲是彼此从愿意接触到熟悉了解,再到决定是否确定恋爱关系的过程，应该以一个正常进度向前推进。

而男性普遍的心理是速战速决，尽快完成任务。他们认为，自由恋爱才需要追求，才需要支付时间、精力和金钱上的成本，而对于参加相亲的女性，则可以砍掉这些过程直接进入"主题"，他们不少抱有"相亲等于发女朋友（老婆）"这种匪夷所思的意识。

4. 相亲市场下的女性价值

相信很多女性在相亲过程中都遇到过一些不舒心的事，应该也能明白，当你进入相亲市场，就会逐渐对自己产生怀疑，因为部分市场有"踩女扬男"倾向。

在这个市场里，女人被定义的价值可能有两种，一是性价值，即年轻；二是生育价值，即能生孩子。他们通过各种方式影响你的自信，一旦你的内心产生动摇，他们就会第一时间把自己手上的"匹配"对象介绍给你。千万不要被"给你介绍什么条件的对象，你真实的价值就是什么"这句话蛊惑，没有任何人可以定义你。

看到这里，你可能会疑惑，如果生活圈子小，不相亲就认识不了异性，该怎么办呢？

可以相亲，可以通过他人介绍，关键是你要确定相亲对象和你就"相亲"的认知处在同一层面，你可以当作多认识个朋友，至于能不能发展成其他关系，则顺其自然。

除此之外，最好的解决办法是拓展你的生活边界，勇敢走出舒适区，体验新鲜事物，培养不同的兴趣爱好，丰富自己的生命。无论男女，热爱生活的人都少有孤单，也很少焦虑自己是否单身。

你把自己活成一条奔腾的小溪，沿途会看到各种风景，遇到各种花鸟鱼虫；你把自己活成一潭死水，就只能招来苍蝇和蚊子。

怎样挑选结婚对象

you can be whatever
you want to be

如果你能让你自己保持一个相对理想的生活状态,你能遇到理想同行人的概率也会非常高,"物以类聚,人以群分"就是这个道理。

成长的道路很漫长,挑选同行人也需要一定的智慧。下面给大家列出了几条原则,希望能帮你避开一些显而易见的"坑"。

1. 选择和父母完成精神分离的对象

你要清楚结婚的目的是什么,如果是为了幸福,那些没有和父母完成分离的对象不但不能给你带来幸福,还会带给你灾难,因为"巨婴"是承担不起任何责任的。

和父母完成分离后,你们才有权利自主决定生育问题,生育与否只会是夫妻二人结合自身意愿和当下生活条件做出的决定,不会受第三方的干扰、胁迫,你们的婚姻里也不会有违背意愿的生育任务。

2. 不是自己赚来的房和车没有意义

对方父母提供的一切都属于他的婚前财产,你只能看着,然后暂住而已,里面没有一块砖属于你。很少有女人靠离婚发财，反而那些被对方转移共同财产的受害者倒是很多，所以有房有车永远都不应该成为结婚与否的先决条件。

3. 结婚只向"人"看

父母提供房、车给儿子，儿子则以结婚、传宗接代来回报他们。如果你不想加入这场既定的传统游戏，想制定属于你们自己的新规则，就要从源头摒弃"结婚必须要房、要车"的观念，转为以寻找人生伴侣为诉求。在结婚前考察对方独立生活的能力，看他有没有离开父母独居，会不会洗衣做饭、照顾自己，有没有兴趣爱好，工作认不认真，周围的朋友都是什么样的人，对未来是否有规划，生活习惯如何……这些问题跟你婚后生活的质量息息相关，并且至少需要朝夕相处一段时间后才有可能得到答案。你可以观察下身边那些离婚的人，很少是因为没房没车分开的，大部分都是过不下去才分开。

4. 婚后生子问题

先一起生活一两年，考察对方是否有资格成为一个终生的伴侣和合格的父亲，避免匆忙进入下一个人生阶段。但这一点在基层社会很难实现，甚至在你结婚的第二天就会被催着生娃,因为在一些人的思维里,女人只有被孩子捆住,才算稳定。

5. 先做好自己

想要挑选到更优质的结婚对象,你要先做好自己,完成自我成长。如果你自己都没有和父母分离,那么也很难遇到心智成熟、有家庭责任感,能够跟你在婚姻里互相扶持、共同成长的伴侣。

写给即将迈入
婚姻的小情侣

you can be whatever
you want to be

你们好，听说你们现在住到一起了，很高兴你们的关系向前迈进了一步。这对你们来说是全新的开始，也是全新的挑战，因为你们会发现，生活中和另一个人相互适应不是一件简单的事。事实上，任何两个人在一起生活都需要经历痛苦和磨合。作为个体，我们时常对自己充满怀疑和否定，更别说接纳他人了。所以，希望你们首先在思想上建立正确的认知，意识到个体差异的客观存在，谁都不是完美的人，彼此都需要成长，学会尊重和包容是亲密关系中的第一课。

个别男性在求偶期间会本能地伪装自己，因为他们通常没有自信。我一直鼓励男孩多去展示自己真实的一面，多与对方沟通内心的真实想法。很多女性也不懂什么是真正的爱，把男性的百依百顺、口头哄骗、小恩小惠当作爱，没被满足就一哭二闹，最终为无知付出了沉重的代价。希望今后你们两个人遇到问题时能多坦诚地沟通，把自己内心真实的想法说出来。真实的声音有时不好听，甚至还可能造成一时的伤害，但如果经不起这道考验，你们终究会走不远。

共同生活后，你们首先要面对的就是家务分配等日常琐事，这也是大部分矛盾的主要来源。希望你们能明白，把家务完全推给你们当中的任何一个人都是不公平的行为。只有两个人都发挥自身的积极性，共同参与，多为对方着想，并且学会感谢对方的付出，你们的小家才能有效地运转起来，这个经营良好的小家将会是你们二人的温暖港湾。

虽然你们组成了一个共同体，但你们作为两个个体，依然要保持独立，不断地完善自我。个体的完善和强大能帮助你们这个共同体抵挡更多生活的风险。

对一切外来事务，你们要学会以一个团体的形式共同面对和解决。从结婚那一刻起，你们要以小家庭的利益为主。如果你们双方不能从各自的原生家庭中完成"精神断奶"，不能把自己小家庭的利益放在第一位，不能做到在各自的原生家庭前维护自己的伴侣，那你们必将走向分裂。希望你们能够警醒，永远朝着同一个方向携手并进，而不是站到彼此的对立面。

另外，你们肯定会遇到各种各样的矛盾，这很正常，就连舌头和牙齿都会打架。出现问题就解决问题，如果暂时解决不了，那么就要学会求同存异，学会在尊重和真诚的基础上与对方沟通，这是一门巨大的学问。当你们学会了解决问题而不是解决情绪时，你们就掌握了经营亲密关系的密码，而这个密码在其他的人际关系中也通用。

还有一点需要提醒你们，很多矛盾和愤怒其实来源于我们内心还未修复的伤痛，是我们把遗留的伤痛投射到他人身上了。很多夫妻就这样不知不觉陷入了相互指责的恶性循环中，根本无法沟通，最终相互折磨一生。我想，你们肯定不愿意过这样的生活，所以希望在出现矛盾时，你们都能善于觉察自我，调整自我，更新自我。

接下来这个话题我思考了很久，犹豫要不要说，但想到你们也许从未接受过与此相关的教育，而这个问题在亲密关系中又如此重要，所以抱歉，我就自作主张了。

我要说的就是性。

首先，性是世界上最美好的事情之一，尤其在相爱的两个人之间。希望你们能抛开传统观念带来的羞耻感，学会享受性，享受彼此的身体。希望男孩子一定要做好清洁工作，修剪指甲，每天洗澡，清理身体污垢，否则会给伴侣的健康带来很大问题。绝大部分的妇科病都跟男性没有做好清洁有关，这一点请时刻牢记。另外，请敬畏生命。在没有准备好当父母之前，任何时候都要做好避孕措施。最后，即使你们没有足够的性经验，也没有关系，多去摸索，多去关心对方的感受，这一点比任何"技巧"都重要得多。

我希望女孩子能多表达自己的感受，说出希望对方改进的地方，多鼓励，多尝试。身体的满足会带来心灵的满足，日常生活也会跟着幸福起来，而日常生活的幸福，又会激发身体的积极性。二者是相辅相成的，希望你们既"幸福"又"性福"。

最后，请不要因为柴米油盐等家庭琐事就忘记经营两个人之间的感情，多一起出去玩，为彼此准备惊喜和浪漫。很多人一结婚就觉得自己完成了任务，不仅对婚姻本身，对自己的形象也完全放弃了经营，还自欺欺人地把这种自身的堕落说成是老夫老妻"亲密度"的象征。这种心态是令感情枯萎、家庭气压低迷甚至婚姻崩溃的根源，没有人会在这种家庭氛围里得到快乐。不持续投入感情的婚姻很难长久，只要你们两人足够用心，能在家庭内贡献自己的能量，这个家庭就会受益。

祝你们幸福。

挣脱父母打造的愧疚感

you can be whatever
you want to be

我曾经看过一个视频，老师在课堂上给学生看了一段短片，短片里的父亲吃着馒头，生活凄苦，孩子们看后哭成一片，老师却美其名曰这是让孩子学会感恩，了解生活不易。

作为曾经对父母抱有深深的亏欠心理，常年活在愧疚感中的女儿，我非常反感这种打着"正能量"旗号，却通过对孩子进行痛苦教育、灌输愧疚感来为自己"谋利"的行为。

如果说性羞耻感是男性专门打造出来控制女性的，那么愧疚感就是父母打造出来控制孩子的。"愧疚感培养"的对象不分儿女，当然女性因为天生的高同理心，所以愧疚感可能更为深重。千百年来，它是一条套住我们脖子的绳索，用来自上向下地剥削压榨。

哪怕到了现在，还有相当一部分人，尤其是偏远地区的人们，基本社会保障需求仍然要落到家庭这个社会最小单位内，落到以血缘为基石的个体身上，需要家庭成员之间互相分担和消化。正常情况下的家庭分工是这样的：父母帮孩子买车买房、成家立业，孩子出钱出力照顾病榻上的父母，为他们养老送终。也就是说，家庭主要是以满足功能需求而不是情感需求组建的小团体，它的终极目的都是为了降低自身生活的风险。

父母为了孩子在将来能对自己发挥功能性保障会怎么做？一是培养"孝文化"。"孝文化"的核心就是顺从，先孝后顺。几乎每个父母从孩子出生起就会把"听话""乖"这几个字挂在嘴上，背后的含义就是告诉孩子不需要有自己的想法、见解、意见，听父母的就行了。二是灌输愧疚感。父母会从道德角度给孩子施压，例如经常说"我这样做都是为了你""我过得这么苦都是因为你"等等，以此激发孩子的愧疚感来实现控制、奴役孩子的目的。

在养育孩子的过程中，很多父母唯一的价值感来源就是子女对自己的需要，所以哪怕孩子没有需要，父母也要创造出来。他们甚至选择以一个苦大仇深的形象示人，一边对孩子所有的琐事大包大揽，一边抱怨连连，活在以吃苦为荣的道德优越感中。他们通过一种近似自虐式的生活方式让孩子持续不断地心生愧疚。一个孩子只要被愧疚感支配，那么父母就拥有了控制他的力量。

当下很多孩子面对父母时总抱着欠债、还债和报恩的心态，只要父母没有过上他们认为的好生活，内心就会不停地谴责自己。即使他们靠自己的能力创造了一些财富，也会对物质享受充满罪恶感，面对美好的人和事时，觉得自己配不上。背着这些重负，精神便不会舒展，也不会感到快乐。那么，对于在这种环境里长大的孩子，成年后该怎么破局呢?

1. 了解父母爱的局限

很多父母的"牺牲",不过是为了增加让你无法说"不"的筹码,这种牺牲是一厢情愿的,也是有条件的。他们很可能不曾被自己的父母爱过,也不会爱自己,没有自己的生活,又哪来的能力去爱别人?80后应该是第一代从农耕文化的育儿方式中感受到痛苦,觉醒后尝试自我修复的群体,他们颤颤巍巍地学习如何爱自己、爱孩子。从这一代成为父母开始,人们才普遍意识到孩子是独立个体,需要被尊重。

认识到一些父母没有爱、不会爱并不是为了去怨恨,而是去理解他们所处时代的限制和自身认知的局限。你需要停止对他们的渴望,降低对他们的期待,剥离"父母光环"的支配,不在情感上被他们牵制。这样你才能以一个全新的、没有愤懑的理性视角去看待、处理亲子关系。

2. 你才是自己的主要责任

你要知道,父母经历的贫穷、不幸并不是你的责任。由于自身的认知局限,他们可能会在养育你的过程中不断暗示一切都是因为你，但你对于被带到世上这件事是没有选择的，父母为了满足自身生育愿望而做出的选择，怎么就变成"一切为了孩子"呢？如果父母在养育过程中给予孩子足够的爱，尽到了应尽的责任，孩子回报父母是自然而然的情感，不需要任何外力驱动。

如果你活在愧疚感中，那是生活在提示你有一对精神贫瘠的父母，而你恰恰是他们生活的"受害者"。你要做的就是认清情感和责任的边界，只有自己完成修复和成长，将来才有可能对父母伸出援手，真正地帮助他们。如果你在本该大步向前发展自身的年纪无法摆脱亲情羁绊，结局大概就是跟着父母一同在泥坑里挣扎，互相索取，互相指责，互相怨恨。

3. 尊重父母的生活方式

很多父母无意识中把孩子培养成了离不开自己的巨婴，所以孩子成年后也很少能主动完成和父母的分离。我们很少被当作独立的个体抚养长大，也就不大可能和父母之间产生"你是你，他们是他们""你有你的生活，他们有他们的生活"这些边界意识，导致我们普遍拥有可怕的拯救欲。

不同的年代和成长环境，注定父母与子女有着截然不同的生活方式与思维模式，不要幻想改变对方。所以，无论是吃馒头咸菜，还是习惯一分钱掰成两半花，或是以某种自虐式的方式生活，都是父母已经形成的肌肉记忆，你能做的是不要再给自己制造不必要的痛苦，妄想去改变他们。学会尊重父母的生活方式，毕竟你的生活是你的，他们的生活是他们的。

4. 学会富养自己

我们的父母，尤其旧时代孩子的父母，大多是以低标准把孩子养大的。在这种低配版的养育模式下，很多人都不敢触碰美好的事物。当你一直在三分的水准线上生活，走上社会后别人给你三分善意，你就会感恩戴德，遇到五分的，你必然会诚惶诚恐，产生自我怀疑。很多人谈恋爱时遇到好一点的对象都觉得自己不配。

事实上，我们每个人都配得上更加美好的生活，我们来到这世上就是为了创造美好、体验美好、享受美好的。吃苦不光荣，请学会识别周围的苦难教育和道德绑架，把"你不配"的信号拒之门外，看透其中的本质，独立思考，善待自己，积极朝你自己想要的生活奋进。

希望新一代的父母能学会和孩子一起成长，修复自我，从自己曾经受到的苦难教育中觉醒，去爱、去支持、去鼓励孩子，把他当成真正的"人"去尊重，全方位地培养他的独立性。

生养孩子是付出,
不是索取

you can be whatever
you want to be

在有关养老、丁克的讨论中，大家的关注点几乎都围绕着下面两点：不生孩子的下场是什么？没有孩子老了该怎么办？

孩子仿佛只是一件物品、一个工具。从这些讨论中不难看出：当下大多数人的生育动机跟老一辈依然没有多大区别。

无论是什么阶层、什么身份，总有些人还是把生孩子当成某种世俗上"成功"的标签，当作满足父母和社会期待的工具，当作抵御未来风险的保障，这些都是"孩子能给我带来什么"的思维模式下的生育观。

生育是一件由父母单方面决定的事，孩子从源头起就从未有过话语权。任何一对父母想要生孩子都是为了满足自身的需要，哪怕他们抱着最正确的生育观，想奉献一部分自我成全另一个生命，也是他们一厢情愿的需求。关于被带到世界上来这件事情，孩子从来都没有自主选择的机会。

一些父母总在强调自己为孩子吃了多少苦，想要以此证明自己的伟大。我想说，这只能说明你为了满足自身的生育愿望愿意付出的代价，至于有多大，跟孩子毫无关系。

绝大部分父母自己无法主动成长，无法建立自己的生活,在生命里找不到意义。如果不生孩子,不围绕孩子开展生活,不通过孩子的成长拖动自己的生活前进,他们甚至不知道怎么活下去。

从这个角度看,是孩子给他们的生活带来了变化,让他们感受到生命的意义,成为拥有生活目标的人。但可悲的是,他们却通过父母的绝对权利将这层关系扭转,摇身一变,成了孩子的恩人。他们给孩子灌输"你的命是我给的""你是我养大的""我为你吃了多少苦"等思想,可自己的选择怎么能成为对他人的恩赐呢?但许多父母真的用这套说辞把自己说服了,然后日复一日地培养孩子的愧疚感,导致他们成年后活在深深的亏欠感中,以此操控孩子为自己糟糕的生活买单。

身为子女,希望大家明白,除了精神世界里建设起了高级情感的父母,大部分父母的生育动机都是功利性的。一旦你被亲情羁绊,被道德绑架,或被父母手中的物质诱惑,走不出独立成长的第一步,你的人生就会步入与父母当年大同小异的轨道。一个无法建立自己的生活、无法主动成长的人必然会走上一条被动成长的路,这是一条看似轻松却充满艰辛、痛苦、无望的路。

希望这一代年轻人能勇敢地打破这个僵局,积极地自我教育，学会爱自己，对自己的生命负责。抛开一切精神桎梏，以个人发展为主，去追求自己想要的人生，先活出自身的圆满，当爱满则溢时，你才有东西可以分享、奉献给父母和孩子。

希望你能成为一个有能力爱自己，能够给他人带去幸福的人。希望当你考虑生育时，想的是"我能给孩子带去什么"，而不是"孩子能给我带来什么"，那时候，再把一个小生命带到这世上吧！

为你的「系统」和「软件」负责

you can be whatever you want to be

如果每个人都是一台电脑，那么你的生活就是这个电脑的系统。生活里的一切包括人际关系等，都是装在这个系统中的软件。如果你的系统版本过低或者有漏洞，就无法带动这些软件，甚至开不了机。

当下很多成年人在生活的泥坑里挣扎、煎熬，是因为他们在硬件方面存在诸多问题，比如内存不够或者系统版本老旧。可是他们却在父母的指导、环境的影响下，匆忙地下载了一堆软件，然后半辈子都活在卡顿、死机、杀毒、卸载、重装系统中，把本可以用来享受生命、感悟生命的时间，全部用在了修复各种漏洞上。这就是当下很多成年人一地鸡毛的生活写照。

为什么会落入这样的漩涡？主要原因是大部分人的父母从来都没有个人生活，他们活了大半辈子用的还是出厂配置，一生都活在既定剧本里。所以在你出厂的时候，他们也只会按照统一的配置去组装你，再把他们认为是对你好的软件统统装上，然后将你推向市场，要求你创造价值。在这个过程中，你时常会有迷茫和痛苦，但当你看到整个仓库都是类似的"产品"时，就会逐渐习惯和麻木。

真正的生活是从你意识到"这是我的电脑"那天开始的。当你意识到维护、优化系统是你的责任，装什么软件也应由你选择时，你才会有勇气卸载那些出厂自带的软件。当你把决定权掌握在自己手上时，你的生活才算真正开始。

当你明白自己的系统只能亲手打造，明白把系统控制权掌握在自己手上的重要性后，接下来就要调整思维模式并付诸行动。

1. 学会拒绝不想要的生活

开展生活的第一步也是最关键的一步，就是在你知道系统因版本过低而无法处理信息时，要保护它不再承受额外的负荷，不要让别人安装你不想要的软件，否则电脑必然死机崩溃。

2. 离开父母的庇护独立生活

如果你已经走上社会，请从父母那里精神"断奶"，离开父母的庇护。独立是成年人的重要品质，如果你的硬件需要父母供电，放电脑的地方需要父母提供，那你这辈子打的游戏只能是父母的副本，你被左右、被牵制、被篡改系统也是必然。

3. 打理好生活的基本盘

一个人生活的基本盘，就是学会打理自己的衣食住行，缺少这个基本盘，就不用谈其他方面的发展了。开展生活要从自己可以掌控的那部分开始，学会照顾自己，把生活中最基本的部分打理好。那些不知道如何生活的人，基本盘大都是混乱失控的。

如果你想拥有自己的生活，一定要远离对自己的日常生活无法掌控、无法负责的人，他们只会给你带来灾难。

在打理好自己的基本盘之后要多接触这个世界，用心去感受生活，而不是粗浅理解。放下手机，走出房间，走到人群当中，走向山河湖海，经历更广阔的世界，勇敢地尝试一切！人生是一个体验的过程，你要先积累素材。

4. 保持信念，安装"杀毒软件"

在漫长艰难的成长阶段，生活中的很多事都是你难以理解和处理的，这很正常。也正因如此，才会出现那么多茫然的年轻人，因为他们的中央处理器一时无法处理那么多信息。

当系统脆弱时，就很容易被各种病毒侵袭，这会让你渐渐失去健康的系统。你以怎样的心态面对和处理成长过程中受到的打击和伤害，决定着当下的系统是否能升级成功，这也是为什么我一直鼓励大家保持信念，去做正确的事。无论外界怎么变化，无论你遭受了怎样的伤害和失败，都不要被改变，总结失败的教训，学会带着伤痛向前走。但记住，在自我升级的同时也要学会去爱，爱可以帮助你建立生命里最强大的防护墙，它是最好的"杀毒软件"。

特别提醒，任何人生下来都是一台完整的电脑而不是电脑配件，所以永远不要逃避维护硬件、升级系统的责任，这一点女孩尤其要注意，因为你们是最容易被病毒侵袭的群体。

怎样度过生活低谷期

you can be whatever
you want to be

1. 调整生活预期

每个人成年后都需要不同程度地调整对生活的预期，人生的大部分痛苦来源于幻想的世界破灭后，不得不面对真实世界和人性而感到手足无措和恐慌。

对生活的正确预期是，明白人生总有高低起伏。如果一件事在你的预期中，你知道它会在生命中的某个阶段发生，那么在人生低谷出现时，心态就会变得不一样。

一旦你重新调整了生活预期，从根本上修正了设定，明白了酸甜苦辣、高潮低谷、成功失败都是人生常态，那么无论哪一种挫折来临，你都能正确认识它；能正确地认识它，你就会变得坦然；能坦然面对，你就不会做无谓的对抗。在低谷期走不出来的人大多是陷入了与情绪对抗的执念中，越对抗，情绪就越强烈；情绪越强烈，织就的黑网就会缠得越紧，所谓作茧自缚，便是如此。

2. 学会旁观自己

如果你能从心理上认定一切都是人生常态，当下只是在体验人生酸甜苦辣中的"苦"，接下来就要学会把自己拎出来，成为自身的旁观者，观察自己的心情："哦，我现在的心情是这样的，很糟糕，很难受。"这时你要告诉自己，这是正常的，这本就属于生命体验中的一环。当你能抱着旁观者的心态看待生命中发生的一切，不再抵抗而是顺势而为，就不会有那么多烦恼和痛苦。另外，你要知道，低谷期并不是坏事，如果一个人只尝过"甜"，那么"甜"是不具备任何意义的。只有尝过"酸、苦、辣"，有了对比，你才知道"甜"对你意味着什么。

接受、面对、顺势而为的不抵抗情绪不是目的，只是手段，是为了让你不被情绪支配和绑架，能够在困境中依然保持内心的平静，能够清醒独立地思考。人生的悲剧大都是因为在低谷期被自己的情绪蒙蔽了双眼，扰乱了理性，在外界的影响下做出错误选择，一步错，步步错。

面对生活中一些无法改变的事实，请学会把损失降到最低。对既定事实懊恼、抱怨、气愤、焦虑，只会让当下的损失扩大，而学习永远都是最强有力的止损利器。

在人生的任何一个阶段，如果你感到思维混乱，不知道什么是正确的选择，那就什么决定都不要做，原地不动也比做错、倒退要好。除了读书、学习、运动、旅行，只需向前推动日常生活，其他的一切交给时间。

3. 在低谷期认识你自己

低谷期也是你认识自己、陪伴自己的最好时机，让你可以和灵魂一起沉淀下来。独处时你的状态以及和自己的关系，是你这辈子最重要、最需要经营的关系。你和他人的人际关系，是你与自己相处状态的投射。

你和自己相处愉快，你和他人相处就会愉快；你和自己相处和谐，你就和这个世界相处和谐。我们年轻的时候，总以为世界很大，生活很远，但其实世界就在我们心里，生活就在我们眼前。

4. 跨过经济低谷

人生处于低谷期时，大概率也会有经济上的困扰。但这世上不可或缺的生存必需品是阳光、空气和水。我们的祖祖辈辈在没有电、没有现代科技的年代靠一把锄头都能活下来，当下很多人所谓的"穷"并不是拥有得少，而是想要的太多，所以当你觉得生活艰难的时候，希望你明白，你根本不需要那么多额外的东西。

如果你在低谷期产生抑郁情绪、自我折磨甚至企图自杀，那我再说明白一点——你最终活成什么样其实不重要,因为99.99%的人百年后就像没来过这世上一样,没有人会记得你,就像你也不知道你太爷爷是谁。你当下所经历的、痛苦的、纠结的、渴望的都毫无意义。看到这里你可能会沮丧,但沮丧的同时你也应该感受到一种彻底的、极大的自由。因为无论你怎么活,结果都是不重要的,还有比这更让人松一口气的发现吗?

5. 找到过程的意义

你可能会觉得,既然结果不重要,那人为什么还要奋斗、努力上进?那是因为,既然怎么活都不重要,那为什么不活得更加丰富一点呢?反正几十年后你会进入漫长的、永恒的"单调",那么在你还有机会做些什么的时候,难道不想去看看自己潜力的边界,不想获得更多的人生体验吗?怎么说你也是从一颗海洋中的单细胞经过了40亿年才进化出的奇迹啊!你可以平凡,但绝不能平庸。而且你没有任何理由不活出自己,如果活成别人嘴里的样子或者自己喜欢的样子都不重要,那为什么不选择后者呢?

所以,当我们想不明白生活中的一些事,或者感觉被困住的时候,就把自己放在40亿年的时间轴上去思考吧。生命如白驹过隙,短暂到如果用来仇恨、算计、焦虑、懊恼、后悔,给自己和他人制造痛苦就太可惜了。我们都是时间长河中的一粒沙子,无论渴求什么,被什么物欲支配,沦陷在怎样的执念中,终究都不重要。

女性的终极枷锁：性羞耻感

you can be whatever
you want to be

波伏娃说过，女人是后天被打造出来的，不是天生的。我们只是生下来就被套进一个模板里复刻出来的大同小异的翻版。这个模板充满了对女性的种种要求与凝视，框定了各种教条和戒律。既得利益者营造了一种舆论氛围，如果一个女人不符合模板要求，就会受到谴责，被身边人指指点点，直到她产生羞耻感不得不把自己套进模板。人一旦产生羞耻感就会丧失表达正常情感的勇气，就会自觉低人一等，同样，女人对性产生羞耻，就会被剥夺在性领域的话语权。

了解到我们为何会在内心形成性羞耻感之后，就要想办法挣脱这种禁锢，这是全体女性都要思考的问题，我有以下建议供大家参考。

第一，请为自己的性别感到骄傲。女性要意识到自己在自然属性中的性主体地位，努力创造社会价值，争取自己的社会权利。

第二，女性自己要有意识地从别人设定的模板中挣脱出来。比如所谓的"贞节牌坊"，你认可它背后的价值观，这道"牌坊"就可以支配你；你不认可，不玩这个游戏，"贞节牌坊"于你而言就只是道摆设。

第三，请大声地把自己在任何情形下遭受到的任何形式的性骚扰、性侵犯说出来。去报警，去维护自己，不要被羞耻感支配，把侵扰放在心里会对自己造成二次伤害。女性应该团结起来把性侵犯者推到阳光下，让犯罪分子得到应有的惩罚，犯罪有成本才能逐渐被遏制。也请所有女性任何时候都能团结起来，积极声援其他性侵害案件中的受害者。

第四，不对其他女性进行耻感驯化，包括容貌羞辱、身材羞辱等。只有自身耻感深重的女性才会下意识地把自己的内心投射到他人身上。请大家努力摆脱自己内心的羞耻感，全盘接纳自己，爱上身为女性的自己。

第五，在生活中，多去关注自己心理和身体的需要。学会大胆地向性伴侣提要求，争取自己在性领域中的话语权，关注自己在性行为中的感受，而不是总处于被动状态，伪装自己。

第六，女性权益的完善需要全体女性的持续发声，放弃发声就是放弃话语权。同时，它也需要女性持续不断地在社会上做出贡献。希望每位女性都不要轻易放弃自己参与社会劳动的机会，放弃社会劳动就是放弃社会权利，依附男性生活的女性越多，倒退回祖辈女性生活方式的概率就越大。

女性意识觉醒的第一课，就是把自己对身体、性、生育的决定权掌握在自己手上，将自己活成生活的主体，切断一切耻感驯化的支配，让自己内心的女性意识舒展开来。当你开始为身为女性而感到骄傲的时候，体内就已经开始蓄积女性力量，你终将会闪闪发光。

做自己生命里
唯一的主人

you can be whatever
you want to be

为什么很多女性总想着通过男人获得幸福,并且根深蒂固地相信婚姻是女性的归宿,认为总会有一个男人能拯救自己,改变自己的命运,甚至幻想用婚姻和孩子捆住一个男人?为什么她们就是走不出"人生围着男人打转"的思维框架呢?

要知道,日常接收的信息会影响我们的意识和心态,进而成为我们内心世界的一部分。你关注什么信息,大数据就会给你推送更多相似的内容,你和这类信息之间的互动就越强,这就是"信息茧房"。传统文化中一些针对女性的规训,就是这样通过几千年的口耳相传,慢慢地占据我们的大脑。

想象一下,如果一个女性自出生那刻起,社会向她灌输的都是夫为妻纲、三从四德、母凭子贵等观念,她见到的女性形象都是小说里那些为了男人撕心裂肺的女主、童话里等着王子来拯救的公主、电视里霸道总裁爱上的贫家女,听到的都是"干得好不如嫁得好""家里没男人不行"等说辞……在这种经过上千年沉积的信息茧房里浸润几十年,她已经意识不到自己身处其中,这些观念能不根深蒂固地成为她潜意识的一部分吗?

现实生活中,这些信息最有力的推送方往往不是网络,而是你身边最亲近、最信任的人——你的父母。自你出生起,他们就在用长辈曾经驯化他们的方式潜移默化地驯化你,让你成为他们的复制品。

大部分女性在成长的过程中,都应该听过"坐有坐样、站有站样""以后哪个男人要你""不会洗衣做饭以后去婆家怎么办"这类话,把个人的幸福跟结婚生子拴在一起。好像你生来就是为夫、为子、为婚姻、为家庭量身定制的一个客体,一生只能被限定在以男人为轴心运转的人设里。

更有甚者,从小培养女儿学芭蕾、钢琴,送女儿出国留学的目的也是为了让她将来找个好男人。以至于很多女性想要努力变优秀的目的并不是为了和更好的自己相遇,而是想遇到一个"优秀"的男性。其实一个正在极速奔跑的庞然大物很难突然转向、刹车,当下的部分女性也很难跳出固有的思维模式,摆脱被设定的命运。

除了自古以来信息流灌输导致的思维固化,女性无法自主的另一个原因在于,她们在被当作客体驯化的过程中,大大地被诱发了人性里不劳而获、好逸恶劳的惰性。

精神上的懦弱必然会带来身体上的懒惰,这就造成了部分女性对生活的逃避心理。比起自己为生活奋斗，她更愿意"投资"男人，做男人背后的女人，被别人保护虽然失去了自由和尊严，但同时也不需要承担责任和压力。这也是传统社会驯化女性的目的，因为只有生存能力低下和精神懦弱的女性才更容易被控制。

连法制社会中白纸黑字的合同都会出现纠纷，那女性用时间、精力、感情、生育进行投资的时候，为什么从来不质疑自己的决定是否明智呢？这都是落后思想长期影响的必然结果。

很多女性在"投资"男人失败后开始抱怨对方。但这些女性始终没有意识到，人这一生最应该投资的永远是自己。把生活的希望放在除自己之外的任何一个人身上，大概率都会"竹篮打水一场空"。

你才是自己生活唯一的主人，永远不要为了任何人放弃自身的成长。一切美好的人和事，只会是你不断成长后，生活给予你的奖赏。